ちょっと骨のある
クジラ・イルカの雑学図鑑2

あらたひとむ著

KAIBUNDO

「クジラを見たことがありますか？」

この本を手に取っていただいた方々は、
クジラに興味を持っていたり、
好奇心を抱いている方々かもしれません。
だから実際にクジラを目撃したことがある人も
いらっしゃるかもしれませんが、
多くの人が「実際に見たことはない」と答えるでしょう。
クジラは私たちと同じ哺乳類ですが、
彼らは一生を大海原で過ごします。
そのため、ホエールウォッチングなどで海に出かけても、
必ずしもクジラたちに出会えるとは限りません。
そうした希少性もあって、
彼らの巨大な姿や優雅さ、そして謎めいた生態は、
古くから多くの人々を魅了し続けています。

この本では、前作「クジラ・イルカの雑学図鑑」に続き、
「思わず人に話したくなる」専門知識やトリビアを、
親しみやすいイラストとともに紹介しています。
この本が、読者のみなさまにクジラたちの魅力を知っていただき、
そして誰かに話したくなるきっかけとなれば、
筆者として大変うれしく思います。

whale artist あらたひとむ

contents

本書に登場する
クジラ・イルカたち

オキゴンドウ
トラバースオウギハクジラ
セミクジラ
タスマニアアクチバシクジラ
シャチ
ツノシマクジラ
オガワコマッコウ
ナガスクジラ
マッコウクジラ
コマッコウ
ネズミイルカ
ミンククジラ
イワシクジラ
メガネイルカ
ヒレナガゴンドウ
サラワクイルカ
ドワーフミンククジラ
ヒモハクジラ
ヨウスコウカワイルカ
ハナゴンドウ
アマゾンカワイルカ
ザトウクジラ
ピグミーシロナガスクジラ
ニタリクジラ
イシイルカ
コセミクジラ
ガンジスカワイルカ
ベリンオウギハクジラ
シロナガスクジラ
カツオクジラ
ツチクジラ
ヨーロッパオウギハクジラ
コブハクジラ
コビレゴンドウ
ハシナガイルカ
マイルカ
ジェルヴェオウギハクジラ
ベルーガ
バンドウイルカ
コククジラ
イチョウハクジラ
イッカク
カマイルカ
スナメリ
ホッキョククジラ

ちょっと骨のある クジラ・イルカの 生態にまつわる 雑学。

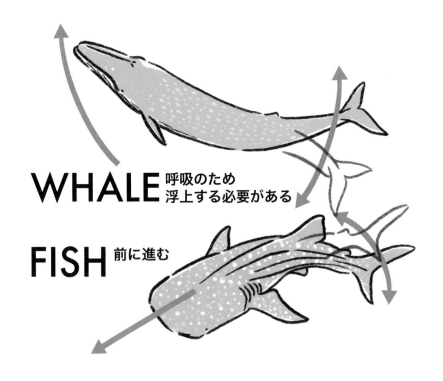

WHALE 呼吸のため
浮上する必要がある

FISH 前に進む

『垂直と水平』

「魚は尾ビレが垂直で、クジラは尾ビレが水平についている」クジラと魚
の違いでよくいわれる説明です。

クジラはご先祖様が進化の過程で、陸上生活から再び水中生活に適した進
化をしたので、構造的に尾ビレを上下に動かすことは自然の流れですが、
クジラと魚では大きく異なるもう一つのポイントが「呼吸」。

空気中で息継ぎをするため上下に行動しなくてはいけないクジラならではの
尾ビレの動かしかたですね。

『先祖返り説』

マッコウクジラやゴンドウクジラ類に多いマス・ストランディング（集団座礁）という現象。単体でストランディングしてしまう場合は弱っていたり、親とはぐれてしまった子供だったりすることが多いですが、なぜ集団で打ち上がってしまうのでしょうか？

マス・ストランディングの原因はいろいろ考えられますが、意外と納得してしまう説をご紹介します。

それは「先祖返り説」と呼ばれる説で、遊泳中にクジラがなんらかの理由でパニックになったとき、太古の昔、陸上で生活していた記憶が呼び覚まされ自ら陸に向かって来るという説。科学的な実証はありませんが、ヒトの手により海に戻してもまた同じ場所に打ち上がってしまうのは、この記憶が原因なのでは？と思うとなんとなくしっくりきます。

echelon position

『抱っこ』

生後間もない子供のイルカは母親の
上のほう（エシェロンポジション）に、
少し大きくなった子供のイルカは下のほう（インファントポジション）に
くっついていることがあります。
エシェロンポジションと呼ばれる位置は、お母さんの水流で、泳ぐことが
上手ではない新生児をサポートしているといわれています。

infant position

エシェロンポジションはお母さんが子
供を抱っこ、インファントポジション
は親子で手をつないでいるような、と
てもほのぼのした雰囲気ですね。

『双子』

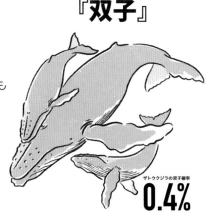

クジラの出産は基本的に1頭。
犬や猫など多胎動物と違い乳首の数も
1対しかありませんが、稀に双子が
生まれることもあるようです。

鯨類の双子が生まれる確率はシロ
ナガスクジラで約0.7%、ナガス

ザトウクジラの双子確率
0.4%

クジラ約0.8%、ザトウクジラ約0.4%、イワシクジラ約1.7%という
数値もあります。（数値は各文献の平均値にしています）

『味覚』

クジラたちは餌を丸呑みするので、甘味や苦味など、味がよくわからないといわれています。
ただし酸味と塩味を感じる味覚は残っている可能性があるかもしれないと考えられています。
塩味の味覚が残っているのは自分が今、海にいるのか、間違えて川に紛れ込んでしまっていないか、海水の味を確認するためかもしれませんね。

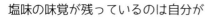

しょっぱい

『嗅覚』

クジラの嗅覚は進化の過程で、一生を水中で生活することからハクジラの嗅覚は退化し、ヒゲクジラは退化していながらも必要な神経系は残っているといわれています。確かにハクジラの餌は小魚やイカなど水中にいるのでニオイは感じる必要はなさそうですが、ヒゲクジラの餌となるオキアミなどは海上にニオイが漂っていそうですね。

ハクジラとは形が異なり、ヒトの鼻の穴のような形をしたヒゲクジラの噴気孔は、海上に漂うニオイを嗅いでいるのかもしれませんね。

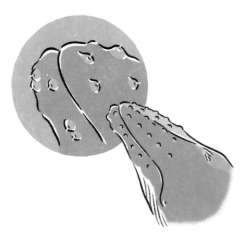

『2 種類の瘤』

ザトウクジラには他のクジラにはない瘤があります。

一つ目の瘤はザトウクジラの顔にたくさんある握り拳大の瘤。
この瘤は感覚毛を守るために皮膚が塊になったもので、よく見ると毛が1本ずつ生えています。
感覚毛は水中の音や水流を感知するなど諸説あります。

二つ目の瘤は胸ビレの瘤。
ザトウクジラの胸ビレのフチには進行方向に瘤がたくさんあります。
この瘤が揚力を増加させ、水中での水の抵抗を減少させると考えられています。
また、この瘤が費用対効果を向上したり、経費削減につながるとして、工業製品にも影響を与えています。

近い将来、ザトウクジラの胸ビレの影響を受けた飛行機が大空を飛ぶ日が来るかもしれませんね。

『1時間と2時間』

シロナガスクジラの母乳は子供が早く成長するように、脂肪分が40%以上と高く、シロナガスクジラの赤ちゃんは1歳になるまで1日に約90kgずつ成長します。

1時間に換算すると約4kg！ものすごい成長スピードですね。

また、イルカは2時間あると古い角質が新しい角質と入れ替わるんだそうです。そのときに出るのが垢。

なんとなく垢の色って灰色という感じですが、イルカの垢はどんな色なのでしょうか？

たしかにバンドウイルカの垢は体色と同じような灰色なのですが、体に模様があるカマイルカだとどうなるのでしょうか？

実際に水族館の方に実験を行っていただいた結果、黒い部分は黒い垢、グレーの部分は灰色の垢、白い部分は白い垢と、体色によって垢の色も異なっていました。

垢にカラーバリエーションがあるのって面白いですね。

・背ビレの黒い部分
黒い垢

・お腹の白色の部分
白色（薄いグレー）の垢

・尾ビレ付近の灰色の部分
灰色の垢

※タオルで体色の異なる部分で垢すりをした結果

※実験・協力　新江ノ島水族館様

『イッカクの背泳ぎ』

イッカクはカラスガレイが好物。カレイを食べるために深海に潜るときに邪魔
になるのがご自慢の「ツノ」。

なので海底を泳ぐときは、ツノが邪魔にならないように背泳ぎをしているそう。

実際に映像を見たことがありますが、確かに背泳ぎをしています。

ただ、ツノがないメスも背泳ぎをしているようにも見えました。

実際のところはイッカクに聞いてみないとわからないですけどね。

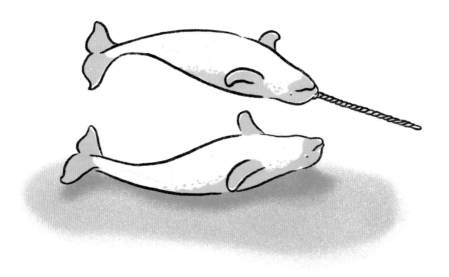

『三回転半』

ハシナガイルカの英名は
Spinner Dolphin。
ジャンプするときに背骨
を軸とした「ひねり」を
きかせたジャンプをする
ことに由来しますが、
なぜこのような特徴的な
ジャンプをするのでしょうか。

いろいろな説がもちろんありますが、なるほど！と思う説をご紹介します。

ハシナガイルカは頭から飛び出して、頭から水中に入るジャンプではなく、

フィギュアスケーターのトリプルアクセルのように体をひねり水中に入ります。

このときに胸ビレや背ビレが海面にあたり着水時に大きな音を出し、泡の渦が

できます。

水中の気泡はエコーロケーションをよく反射するので、他の仲間たちはあち

こちでスピンジャンプする仲間の着水時の音で方向を確認し、気泡にエコー

ロケーションすることで距離を測り、自分の群れの大きさや進んでいる方向

を確認しているという説。ここまでだと、目視すればいいのではとも思うの

ですが、ハシナガイルカは夜行性のイルカ。真っ暗な海の中ではこの音と気

泡が頼りなのかもしれません。

『ヒゲの生えかたが違うんです』

ヒゲクジラ類の上アゴから櫛状に生えている角質板を鯨ヒゲといい、クジラの種類によって色や形、生えかたなどが異なります。基本的な形は不等辺三角形。長さはホッキョククジラで4mほど、ミンククジラでは30㎝ほど。ホッキョククジラなどのセミクジラ類は口を開いたまま泳ぎながら餌を濾し取るので先端にはヒゲ板がなく、ミンククジラなどのナガスクジラ類は口に含んだ餌を逃さないように先端までヒゲ板があります。

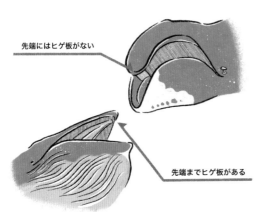

先端にはヒゲ板がない

先端までヒゲ板がある

『クジラドリ』

クジラドリという海鳥がいるのをご存知ですか？6種類いるミズナギドリ科クジラドリ属の海鳥の総称で、クジラの周りでも見かけるそうですが、クジラドリという名前の秘密はクチバシにあります。なんと！クチバシの中に櫛状のヒゲがあるんです。このヒゲはヒゲクジラと同じようにオキアミなどを濾し取って食べるためにあるんです。

クジラの周りで見かけるのは、一緒に仲良く食事をしているのかもしれませんね。

『レア度★★★★★』

昔の書籍などを調べたりしていると、今の図鑑には載っていない事柄や写真が掲載されていたりしますが、その中でもかなりレアなものをご紹介します。

ナガスクジラ科のクジラの上顎の内側にある小さな2つの穴。

Jacobsons' organ（ヤコブソン器官）または鋤鼻器と呼ばれる器官で、一般的な嗅覚を感じるのではなく、フェロモン物質を感じる臭覚器官だと考えられています。

鋤鼻器
じょびき
Jacobson's organ
（ヤコブソン器官）

クジラの鋤鼻器が実際に
どのような役割を果たして
いるのかは今のところ解明され
ていないということですが、
このような器官があることを
知ってクジラに興味を持っていただけるとうれしいです。

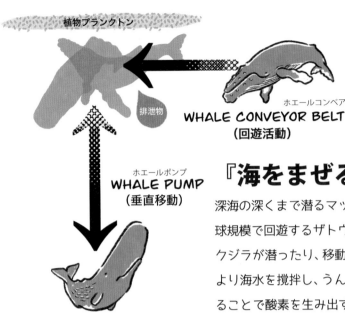

植物プランクトン

排泄物

ホエールコンベア
WHALE CONVEYOR BELT
（回遊活動）

ホエールポンプ
WHALE PUMP
（垂直移動）

『海をまぜる』

深海の深くまで潜るマッコウクジラや、地球規模で回遊するザトウクジラ。
クジラが潜ったり、移動したりすることにより海水を撹拌し、うんちやおしっこをすることで酸素を生み出す植物性プランクトンを何倍にも増殖させ、環境を改善する役割をはたしているという研究がおこなわれています。研究ではクジラがよく通る海域でホエールポンプとホエールコンベアにより、植物性プランクトンが大幅に増殖しているのではないかと考えられています。

『クジラ墨』

オガワコマッコウやコマッコウは
腸内に暗赤色の「クジラ墨」と
いう液体を蓄えており、
危険を察知すると
11 リットルを超える液体を
肛門から一気に吹き出し、
目くらましをします。
まるで忍者の煙幕のようですね。

『カムフラージュ』

ツチクジラの体色は濃い灰色ですが、子供のときは淡い色をしています。
これはお母さんクジラが餌を探している間、水面に浮かんでいる子クジラ
を天敵が水中から見上げたときに、太陽光で見えにくくカムフラージュする
効果があります。

また、クジラやイルカのイラストを描くときに背中側を濃い色で、お
腹側を薄い色で描くことが多いのですが、これは
「カウンターシェーディング」と呼ばれる
自然のカムフラージュ方法。下から見たり
上から見たりすることで、背中やお腹の
色が、体の輪郭を周囲と調和させる
効果があります。

カツオクジラ

trap feeding

ザトウクジラ

『伝説の怪物のモデル』

伝説の怪物「ハーヴグーヴァ」や「アスピドケロン」は口を大きく
開けたまま独特の香りを発し、魚をおびき寄せて獲物が口の中に入った
ところを丸呑みにすると伝えられています。

この行動が最近になって確認されるようになった、一部のカツオクジラ
やザトウクジラに見られるトラップ・フィーディングと呼ばれる採餌行
動に似ていると研究者たちの間で話題になり、古代の船乗りたちがトラッ
プ・フィーディングをするクジラを元に創造した怪物の可能性が高いと
考えられています。ということは遥か昔にもトラップ・フィーディング
をするクジラたちがいたんでしょうね。

『鼻ガード』

ヒゲクジラのイラストを描くときに噴気孔の前の部分を少し盛り上がらせて描くのですが、ハクジラにはないパーツ。

この部分は Splashguard（しぶき除け）と呼ばれる隆起で、呼吸の際にブローのしぶきや海水が鼻孔に入るのを防ぐヒゲクジラ独特の機能。

Blowhole crest とも呼ばれ、噴気孔の頂上という意味もあります。

『滑り止め軍手で握手』

軍手は断然、滑り止め付き派です。ブツブツがしっかりグリップしてくれるので作業効率も上がりますよね。背中のキールと呼ばれる部分に、滑り止め軍手みたいなブツブツがあるスナメリ。このブツブツは感覚器官と考えられていて、棲息地域によって幅が狭いものや広いものがあります。

キールを相手の体にすり付けるような行動も見られるところから、コミュニケーションツールではないかと考えられています。

『ショートスリーパー』

インドカワイルカは透明度の悪い
濁った水中に棲息し、雨季の増水
による強い流れや、流木などの浮
遊物との衝突を防ぐため、常に泳
いでいるといわれています。

なので1回40〜60秒と、短い
うたた寝を繰り返し、
合計7時間分の睡眠を
1日にとると考えられ
ています。少ない検証結果からなので
全てがそうなのかはわかりませんが、
仮に1回の睡眠を30秒とした場合、
1日に840回もうたた寝を繰り返していることになります。

『ロックバンド』

インドカワイルカ（ガンジスカワイルカ）は目がほとんど見えないので、
高周波のクリック音のエコーロケーショ
ンで捕食活動をしていますが、クリック
音のビーム幅は水平・垂直方向ともに約
12度程度と考えられています。
小刻みに顎を振り（ノッディング）効
果的に捕食できるよう、狭いビームを
たくさん出しています。
まるでロックバンドのヘッドバンギング
のようですね。

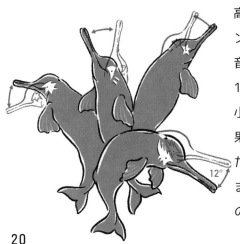

『カモメが発見したクジラ』

以前はヒガシアメリカオウギハクジラという和名で、現在は新種認定した
フランスの古生物学者ポール・ジェルヴェにちなみ、ジェルヴェオウギハ
クジラという名前のオウギハクジラの一種。

1840年代に海上でカモメが群がり漂流しているクジラを発見。

その後1855年に新種認定されたのですが、生態など詳しいことはあまり
わかっていません。

第一発見者がカモメというエピソードをもつジェルヴェオウギハクジラ。

160年以上経っても謎に包まれたままのミステリアスなクジラです。

『水分の補給』

生き物には水が必要不可欠ですよね。鯨類は
必要な水分を海水から摂取するわけではなく、
餌から吸収しています。
餌に多く含まれる水分（自由水）と、体内で
分解されるときに副産物として出る水分
（代謝水）とで、必要な水分を確保している
んです。
ザトウクジラなどのヒゲクジラ類は繁殖のため
に回遊するとき、絶食を行うので餌から水分を
補給することができません。ですが、絶食
する前にオキアミなどをたくさん食べて蓄え
た脂肪などがエネルギーとして分解されると
きにでる代謝水で水分を確保しているんです。

『水分の放出』

僕も年に一度、健康診断を受けていま
すが、もしナガスクジラが健康診断に
来て検尿をしたら大変です。
ナガスクジラの1日のオシッコ
の量は970ℓほどと推算されて
いるので、500mlのペットボト
ルだと約2000本分！
検尿のときに使う紙コップだと
平均200mlなので5000個くら
い必要となります。

腸の長さ
ヒゲクジラ
体長の
4~5倍

腸の長さ
ハクジラ体長の
10~15倍

『腸の長さ No.1 は？』

クジラの腸の長さはヒゲクジラでは体長の 4 ～ 5 倍、ハクジラでは体長の 10 ～ 15 倍以上あります。手持ちの資料を見ると 10m のマッコウクジラで腸の長さが 141m、14m のイワシクジラで 79m。

この計算でいくと 27m のシロナガスクジラだと 135m となるので、鯨界 No.1 の腸の持ち主はマッコウクジラということになります。

マッコウクジラはこれだけ腸が長いから龍涎香ができるのかしら？

『ほんとに足があったの？』

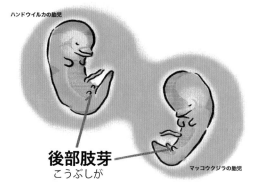

ハンドウイルカの胎児

後部肢芽
こうぶしが

マッコウクジラの胎児

クジラは進化の過程で水中生活に適応するために前脚を胸ビレに、後脚は無くなってしまいました。後脚の名残が寛骨という骨なんですが、ほんとに足があったのでしょうか？
実際にイルカやクジラの胎児の発育過程を見てみると、いったん後脚が発生（後部肢芽）し、そのあと無くなるのがわかります。これはかつてクジラやイルカも4本脚だったことを示しているのと同時に、進化の過程で無くなってしまったことを示しています。

『イルカの髭』

生まれたてのイルカたちにはすでにヒゲが生えているんです。
え？ハクジラのイルカにヒゲ？？
ヒゲクジラじゃなくて？？？
これは「洞毛」と呼ばれる感覚毛。
ナガスクジラ類などは抜けたりしないのですが、イルカなどは成長すると抜けてしまいます。
水族館に行くことがあれば、イルカやスナメリ、シャチなどの顔をじっくり見ると、上あごの先にヒゲがあった痕跡の毛穴がぽつぽつありますよ。

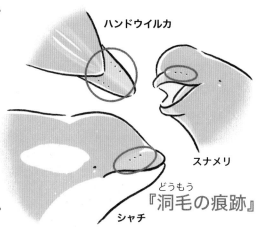

ハンドウイルカ

スナメリ

シャチ

『洞毛の痕跡』
どうもう

『ひそひそ話』

ミナミセミクジラの親子はシャチなどから身を守るために、鳴き声を小さくして
シャチに気づかれないようにコミュニケーションをとっています。同様にザトウ
クジラの親子でも同じように「ひそひそ話」をしてシャチに襲われないようにし
ている可能性が発表されました。身を守るための工夫ですが、ひそひそ話をする
クジラの親子の会話、ちょっと聞いてみたいですね。

『フォースと共に』

南半球の矮小型ミンククジラ、ドワーフ
ミンククジラの鳴き声で、言葉にすると
「ダダダウィ〜ン」という感じの機械音
のような鳴き声があります。
まるで映画「スター・ウォーズ」に
出てくるライトセーバーを
振り回している効果音
のようで、通称「スター
ウォーズ・サウンド」と呼
ばれています。面白いですね♪

ぜひ「minke whale star wars sound」で検索してみてください。

『ヒゲの長さ No.1』

No.1 ホッキョククジラ	長さ 370 ～ 400cm　片側に 230 ～ 360 枚（ヒゲ色：黒）
No.2 セミクジラ	長さ 250cm　片側に 200 ～ 260 枚（ヒゲ色：黒）
No.3 シロナガスクジラ	長さ 90cm　片側に 270 ～ 400 枚（ヒゲ色：黒）
No.4 イワシクジラ	長さ 80cm　片側に 220 ～ 400 枚（ヒゲ色：黒）
No.5 ナガスクジラ	長さ 70cm　片側に 260 ～ 470 枚（ヒゲ色：濃灰色に黄色の差し色。右側は白地に黄色）
No.6 ザトウクジラ	長さ 70cm　片側に 270 ～ 400 枚（ヒゲ色：黒）
No.7 コセミクジラ	長さ 60cm　片側に 210 ～ 230 枚（ヒゲ色：黄色）
No.8 ニタリクジラ	長さ 50cm　片側に 250 ～ 370 枚（ヒゲ色：濃灰）
No.9 コククジラ	長さ 40cm　片側に 130 ～ 180 枚（ヒゲ色：白から黄色）
No.10 ミンククジラ	長さ 30cm　片側に 230 ～ 360 枚（ヒゲ色：乳白）

※長さ・枚数は平均値

体長で大きさを比べたらシロナガスクジラがもちろん No.1 ですが、ヒゲの
長さで比べたら No.1 はホッキョククジラ。

3m を超える長さで、ヒゲクジラの中でもダントツです。

上あごから生えていますがクジラヒゲは歯ではなく、皮膚が変化したもの。

左右にびっしり 300 枚程度生えています。

餌を濾し取ることで先端部分からすり減っていきますが、私たちの爪と同じで
一生伸び続け、摩耗を補っています。

『うきわのような肌』

プールやお風呂に長時間入っていると
指先がシワシワになりますが、
ずっと海の中にいるクジラや
イルカたちも皮膚がシワシワに
なったりしないのでしょうか？
ヒトの皮膚の一番外側の
「角質層」は長時間濡れたままだと、
水分を吸って膨張しますが、角質層

より下の皮膚は膨張しないので、表面の角質層がシワシワになるんです。
クジラやイルカはこの角質層がなく、皮膚が水分を吸わないため、皮膚がシワシワ
にならないんですね。ちなみに角質層には紫外線などから肌を守る「バリア機能」
と水分を保つ「保湿機能」の役割がありますが、鯨類には角質層がないため、座礁
などしてしまうと短時間で皮膚が火傷をしたような状態になってしまうんです。

『体脂肪率 60%』

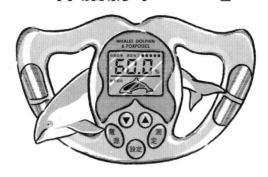

健康的とされるヒトの体脂肪率は男性で 10 〜 19％、女性は 20 〜 29％だそう
ですが、クジラは脂肪がとても多い生き物なので、体脂肪率は約 40％。
北海道の寒い海に生息するネズミイルカは体脂肪率がなんと 45 〜 60％も！
脂肪が断熱材となり体温を保っているんですね。

『スピード』

一般道での自動車の法定速度は時速 60 キロ。
50cc 原付バイクは時速 30 キロで、自転車の
平均速度は時速 15 キロ。

クジラやイルカたちの遊泳速度と比べてみ
ると、自動車クラスはシャチやイワシクジ
ラ、原付バイククラスはザトウクジラやミ
ンククジラ。自転車クラスでゆっくり泳ぐ
のはホッキョククジラやセミクジラ。

ゆっくり泳ぐといってもヒトの遊泳速度の
平均は時速 6 キロほど。

やっぱり泳ぎのプロには敵いませんね。

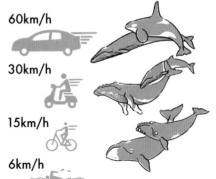

60km/h

30km/h

15km/h

6km/h

『速く泳ぐ秘訣』

イルカが高速で泳ぐとき、進行方向にジャンプを繰り返しながら泳ぐ場面を想像
すると思いますが、速く泳ぐなら、ずっと水中のほうが速く泳げるのでは？
実は、水の密度は空気の約 800 倍といわれていて、少しでも水中から出ること
によって体に受ける抵抗を少なくして速く泳ぐことができるんです。
この遊泳方法を「ポーパシング」といいます。

『クジラのうたた寝』

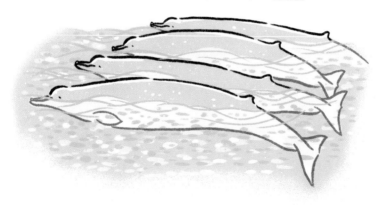

アカボウクジラやマッコウクジラなどが群で同じ方向に並んでじっと浮かんでいるときがあります。

ロギングと呼ばれるこの行動は、おそらく海面で休んでいるのだろうと考えられています。

大海原でうたた寝をするクジラたちに出会ったら、かなりテンション上がりますね。

『ぷかぷか』

コマッコウやオガワコマッコウは水面で何もせずじっと浮遊する行動（ロギング）が昔から知られており、日本では「浮きクジラ」と呼ばれていました。

派手なアクションをあまりしないので洋上ではなかなか発見しにくいレアなクジラです。

『メロン』

ベルーガやツチクジラの
おでこのことを丸い形状
から「メロン」と呼びま
すが、そのメロンの内部
にある脂肪に富んだ組織
のことも「メロン」と呼
びます。

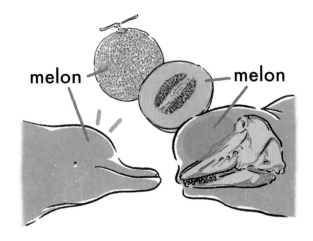

共に果物のメロンが名前
の由来。見た目がころんとしてメロンに似ているからメロンで、メロンの中もメロ
ンの果肉に似ているからメロン。

メロンはメロンで、メロンのメロンもメロン。もうメロンメロンですね

『リンゴ3個分』

ザトウクジラの頭や胸ビレなどに付着するフジツボ。

オニフジツボという種類のフジツボで、なんと1頭のザトウクジラに450kgも
ついていることがあるようです。

450kgと聞くと、とても重そうですが、ザトウクジラの体重を30tくらいとする
と、60kgのヒトだと900gの物を体にくっつけている感じです。

900gといえばリンゴ3個分ほど。
ザトウクジラがフジツボをつけて
泳ぐのは、私たちが常にリンゴを
3個持ちながら行動しているのと
同じくらいという感じですね。

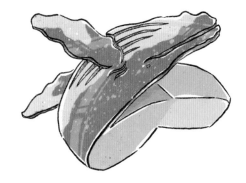

『一番大きなハートの持ち主』

2014年3月にニューファンドランド島の海岸に打ち上げられた、全長24mの
シロナガスクジラの心臓をプラスティネーションという特殊な技術で、腐敗を起
こしたりしない標本として保存に成功。

その技術にも驚きですが、心臓の大きさにも驚きです。重さは約200kg、大動脈
の上部から最下腔の底までの長さは約1.5mもあり、心拍ごとに約220ℓの血液
を全身に送り出すと推定されています。

地球で一番大きなシロナガスクジラは文字どおり大きなハートの持ち主ですね。

『SNS がきっかけで』

ザトウクジラやコククジラ、ベルーガなど昆布と戯れる画像が SNS で多数アップ
され、世界中の研究者たちが注目している行動「ケルピング」。

短時間ではなく 30 〜 40 分も戯れている行動が記録されているので、なにか目的
がありそうにも見えますね。遊んでいるのか、餌をとるための練習なのか、はた
また昆布の抗菌作用を利用したスキンケアなのか？

SNS がクジラの行動の謎解きのきっかけになるなんて、すごいですよね。

shelling

sponging

『道具を使うイルカ』

オーストラリアのシャーク湾に道具を使って採餌するハンドウイルカが生息しています。道具に使うのは「海綿」と「貝殻」。

海綿を使った採餌方法は「スポンジング」と呼ばれ、口先に海綿をつけて、海底に潜む魚を探しだすときに尖った岩などから口先を保護する方法。私たちが軍手をつけて作業するようなニュアンスですね。

また、貝殻を使った採餌方法は「シェリング」と呼ばれ、海底に落ちている大きめの貝殻の中に魚を追い込み、この貝殻を海面まで持ち上げ、出てくる魚を捕まえるという方法。道具を使うだけでも凄いことですが、このハンドウイルカたちが生息している湾がシャーク湾（shark bay）でなくドルフィン湾（dolphin bay）だったら奇跡だったんですがね♪

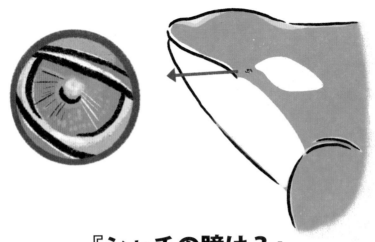

『シャチの瞳は？』

クジラとイルカの瞳孔は前著で描きましたが、大きさはクジラに近く、見た目
はイルカに近いシャチの瞳孔はどうなんでしょうか？
やっぱりマイルカ科に属するだけあって瞳孔は三日月型なんですね。

※詳しくはクジラ・イルカの雑学図鑑 P13 参照

『ぼく泣かないもん』

クジラやイルカたちには涙腺がないので涙を流すことはないのですが、
代わりに眼粘液という粘り気のある油分を分泌する
機能を備えています。ずっと海で
泳いでいても目が充血したり
しないのは、この眼粘液が
目を保護し、海水で目が刺
激されるのを防いでいる
からなんです。

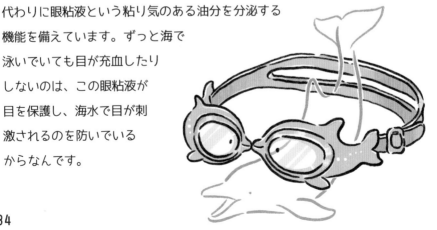

『瞳がキラリ』

ネコの眼に光を当てると黄色く光ったりしますが、これはタペタムという反射板があるから。

少ない光量でもタペタムで反射し光を増幅して視力を得ています。

光の届かない海の中で過ごすイルカやクジラにもタペタムがあり、海の中で光を当てると目が青色にキラリと光ります。

『マーガレットフォーメーション』

メスのマッコウクジラの群れが仲間を守るために行う「マーガレットフォーメーション」という陣形。
外敵を追い払うために妊娠中のメスや仔クジラを中央に置き、その周りをマーガレットの花びらのように頭を内側にして囲み、尾ビレで海面を激しく叩いて威嚇します。

クジラ よもやま話 ①

目撃!! ツノシマクジラ

アルビノ個体

情報によりますと 2024 年 1 月 1 日にタイのピピ島付近で世界初の「ツノシマクジラのアルビノ個体」を目撃したとのことです。トラップフィーディングをするアルビノ・ツノシマクジラなんて見れたらめちゃくちゃ神々しいですね。

ちょっと骨のある クジラ・イルカの
外見にまつわる
雑学。

理想の体型

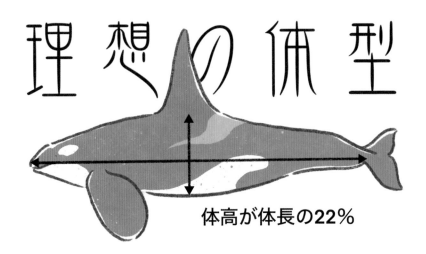

体高が体長の22%

『クジラ界 No.1 スイマー』

シャチは時速60キロ以上のスピードを出せることを前章で書きましたが、なぜそのようなスピードが出せるのでしょうか。高速で遊泳する魚の理想的な体型は、体高が体長の22%程度といわれています。

シャチの場合、体高と体長の比率が平均1：5とされているので20%となり、高速で泳ぐのに理想的な体型をしているのです。

『背ビレの大きさ』

シャチの背ビレの大きさは鯨類 No.1。子供のときはオス・メスで背ビレの区別はつきませんが、性的成熟とともにオスの背ビレは長く、胸ビレも大きく成長していきます。

このように性別によって個体の形質が異なる現象のことを「性的二形（せいてきにけい）」といいます。

heart shape
♀

♂
raindrop shape

『ドロップ＆ハート』

パンダイルカの愛称で親しまれている
イロワケイルカ。白と黒の模様が特
徴的ですが、もう一つ面白い特徴が
あります。

イロワケイルカのお腹には黒い雫状の
模様がありますが、オスは雫（ドロッ
プ型）の尖ったほうが尾ビレのほうに、
メスは雫（ハート型）の尖ったほうが
頭のほうに向いています。

もちろん個体差はあると思いますが、面白い色分けですね。水族館に出かけ
たときは、ぜひチェックしてみてくださいね。

『白く光る口元』

クジラやイルカの体の色は前章でご紹介したカウンターシェーディングなど、理
由がわかるものが多いのですが、マッコウクジラの口の周りが白い理由の面白い
説をご紹介します。

イカは一般的に光に集まる性質が
あるといわれているので、マッコ
ウクジラが深海で好物のイカを探
すとき、口元の白い部分がイカには
ぼーと光って見えて集まってくる
のではないかという仮説。

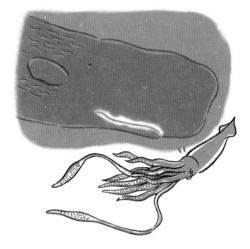

光の届かない深海で白い部分がど
のように見えるのかわからないの
ですが、それぐらい食べることに
積極的でないと、ハクジラで最大の体の大きさを維持できないですもんね。

『腹ビレクジラ』

水中生活に適応する進化の過程で消失した後ろ足ですが、2 例の腹ビレを
もったクジラをご紹介します。

1 例目はマッコウクジラ。1958 年 11 月に宮城県鮎川港で発見されたメス
のマッコウクジラのお腹に、お茶碗をかぶせたような一対の痕跡的な後ろ
足があったそうです。

2 例目はザトウクジラ。1919 年にコロンビアのバンクーバー島で捕獲さ
れたメスのザトウクジラには驚くべき特徴がありました。
なんと！4 フィート 2 インチにも及ぶ腹ビレがついていた
そうです。4 フィート 2 インチというと 127 ㎝。
かなりの大きさですね。
マッコウクジラとは違い、胸ビレが大きいザトウ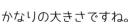
クジラだから腹ビレも大きかったのでしょうか。
進化の過程を感じられる出来事ですね。

望遠鏡を英語でいうとテレスコープ。
伸縮する望遠鏡から派生した言葉で、
鼻の穴が進化の過程で顔の前の位置
から、現在のように水中生活に適
した頭頂部に移動したことを
「テレスコーピング現象」
といいます。
クジラ独自の進化ですね。

『鼻の移動』

『背ビレがないクジラ』

ホッキョククジラや、ベルーガ、イッカクには背ビレがありません。
これは生息圏が北極圏などの極寒の地なので、泳ぐときに流氷などで背ビレが
傷ついたり邪魔にならないように、進化の過程で背ビレが無くなったといわれ
ています。

『左右非対称』

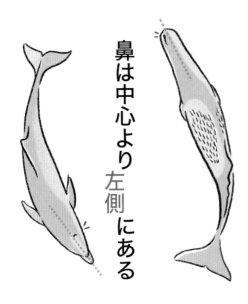

鼻は中心より左側にある

マッコウクジラの鼻の穴は他の鯨類と異なり頭の左上にあります。

実はマッコウクジラだけでなく、イルカを含むハクジラ類の頭骨の形は左右非対称で、鼻の穴もやや左側にかたよっています。

これはハクジラ特有のエコーロケーションで位置などを確認するときに、左右で聴くエコーに時間差ができて効果的にするために適応したものだと考えられています。

『特技は鼻の穴が閉じれます』

イルカやクジラは私たちと同じ哺乳類なので、水中で生活をしていますが、肺で呼吸します。

なのでブローという息継ぎを定期的に行いますが、口呼吸ではなく鼻呼吸。

ヒゲクジラは鼻の穴が２つ、ハクジラは鼻の穴が１つで、頭のてっぺんにありますが、なんと！鼻の穴を閉じることができるんです。

潜ったときに鼻に水が入らないように適応した進化の一つですね。

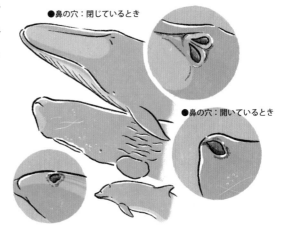

●鼻の穴：閉じているとき

●鼻の穴：開いているとき

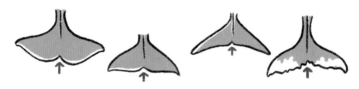

MEDIAN NOTCH

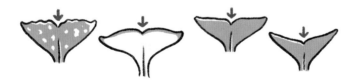

『尾ビレのくぼみ』

クジラやイルカの尾ビレのくぼみ部分を「median notch」といいます。日本の図鑑にはあまり表記がありませんが、英語の図鑑などではよく見かけます。

あまり聞きなじみのない言葉ですが、鯨類の身長を測るときの重要なポイントで、上あごや頭部の先端からこの median notch までを測ります。

ですが、アカボウクジラ科（約20種類）の尾ビレには分岐点のあのくぼみがないんです。

不思議ですね。

アカボウクジラ科のクジラたちは謎が多く、まだ発見されていない種類もいるのではないかと考えられています。

白と黒のコントラストが綺麗なイシイルカ。体色の違いでイシイルカ型と
リクゼンイルカ型に分かれますが、なんと！1963年に全身真っ黒のイシ
イルカが発見されました。

胎児も吻の周りは白かった
ものの、他は真っ黒。親
子でアルビノとは逆の
「メラニズム」（黒色
素過多症）の個体
だったのでしょうか？

『↑メラニズム と アルビノ↓』

こちらも通常は白と黒の体色のコントラストがきれいなメガネイルカ。
ですが、ドイツ・シュツットガルト自然科学博物館にネズミイルカ
もしくはメガネイルカのアルビノ個体の資料写真があったそうで、
上の例とは逆に頭の一部分だけが黒く、あとは真っ白な個体だった
ようです。

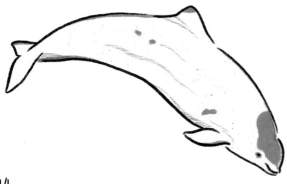

『真っ黒なシャチ』

あるアートポスターで真っ黒のシャチが描かれているのを見つけました。

オリジナルは昔の海洋学者が北極探検の際に描いたシャチとのことでしたが、

羅臼のニュースなどで白いシャチを見たことはありますが、メラニズムのシャ

チはいるのでしょうか？

過去の記録では太平洋岸北西部などで1874年、1921年、1941年、1948年

と4回、真っ黒なシャチの目撃記録があるのですが、残念ながら証拠写真はあ

りません。

で、文頭で見かけたあるポスターというのが1874年の最初のメラニズムの

シャチの記録のアート。これは捕鯨者・博物学者のチャールズ・メルヴィル・

スキャモンが「北アメリカの北西海岸に生息する海洋哺乳類の説明と図解」

という本の中で紹介したシャチの図解。

3頭描かれたシャチのうち一番上に真っ黒なシャチが描かれています。

他に収録されているクジラの内容や、真っ黒なシャチの特徴的な背ビレの形

を見ると、信頼性も高いのではないかなと思います。

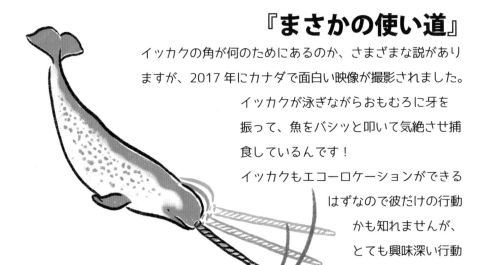

『まさかの使い道』

イッカクの角が何のためにあるのか、さまざまな説がありますが、2017年にカナダで面白い映像が撮影されました。

イッカクが泳ぎながらおもむろに牙を振って、魚をバシッと叩いて気絶させ捕食しているんです！

イッカクもエコーロケーションができるはずなので彼だけの行動かも知れませんが、とても興味深い行動ですね。

『うんうん』

頸骨と呼ばれる首の骨の数はキリンもクジラもヒトも犬も哺乳類は7個。

ただしクジラは水中で生活するのに適した進化の過程で、水の抵抗を少なくするため流線型の体を頸骨を癒合させることで手に入れました。

なので首が短いというか見た目的にほぼありません。

ですが、見た目「頭」がわかる鯨種に関しては首が動き、うなずくことができるんです。

同じ仲間なのに不思議ですね

そうそう

へー

うんうん

うんうん

はいはい

『サメのようなクジラ』

コマッコウとオガワコマッコウには目の後ろに魚のエラのような模様の「偽鰓」があります。下あごには鋭い歯があり、頭部も突き出ていて、とくにオガワコマッコウは背ビレも大きくサメによく似ています。クジラは哺乳類なのでエラは必要ありませんが、クジラやイルカの体色が天敵や餌から体をとらえられにくくする効果があることを考えると、もしかしたらサメに擬態して、サメに狙われるのを回避しようと進化したのかもしれませんね。

ぎ さ い
偽鰓

コマッコウとオガワコマッコウは見た目がよく似ています。コマッコウの学名は「Kogia breviceps」、オガワコマッコウの学名は「Kogia sima」といい、ラテン語でbreviceps は「短い頭」という意味で、sima は「低い鼻」という意味。
違いがわかりますか？

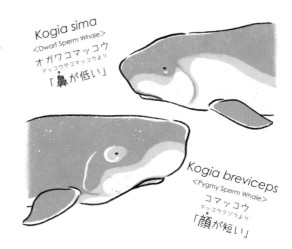

Kogia sima
<Dwarf Sperm Whale>
オガワコマッコウ
マッコウやコマッコウより
「鼻が低い」

Kogia breviceps
<Pygmy Sperm Whale>
コマッコウ
マッコウクジラより
「顔が短い」

『錨のマーク』

胸に錨のマークがあるクジラがいるのを
ご存知ですか。
コビレゴンドウなど、ゴンドウクジラの
胸の斑紋は錨の形に見えることから
「アンカー（錨）パッチ」と呼ばれてい
ます。錨のマークがあるなんて、なんだ
か強うそうなイメージですね。

『シワシワの体』

ドライフルーツのプルーンのシワシワにたとえられる、マッコウクジラの体のシワ。
マッコウクジラは体の 1/3 に当たる頭部の皮膚にはシワがありませんが、残りの
2/3 の表皮にはシワがたくさんあります。

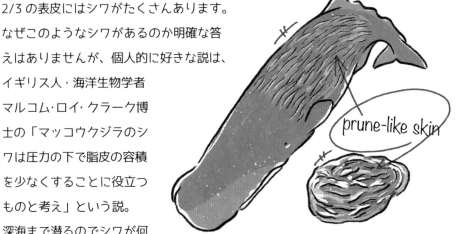

prune-like skin

なぜこのようなシワがあるのか明確な答
えはありませんが、個人的に好きな説は、
イギリス人・海洋生物学者
マルコム・ロイ・クラーク博
士の「マッコウクジラのシ
ワは圧力の下で脂皮の容積
を少なくすることに役立つ
ものと考え」という説。
深海まで潜るのでシワが何
かの役に立っているのかなと思っています。

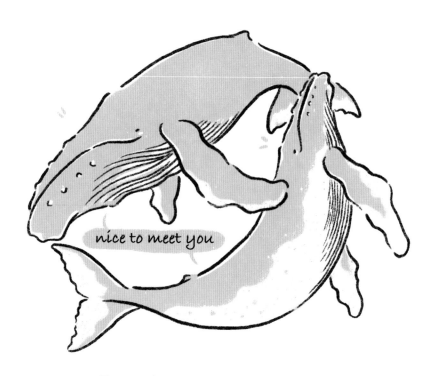

『黒ザトウと白ザトウ』

ヒゲクジラの一部の種類は地球規模の回遊をしますが、ザトウクジラは
夏に高緯度の海で餌をたくさん食べ、冬に低緯度の海で出産・子育てを
行います。

高緯度の海とは北極付近と南極付近のことで、低緯度の海は赤道付近のこと。
つまり、ザトウクジラには赤道を境に北半球で生活する種類と、南半球で
生活する種類の2種類があります。

面白いのは、赤道を超えた交流がほとんどないのではということと、北半球と
南半球でザトウクジラの模様が異なること。

南半球のザトウクジラはお腹の白い個体が多いんです。

歯のないクジラは

 歯を持たないヒゲクジラの場合

ヒゲクジラ類の摂餌方法はとてもユニーク。

歯を持たないヒゲクジラは口の中にヒゲ板と呼ばれるクジラヒゲがびっしり生えています。このクジラヒゲをうまく使って、ナガスクジラ類は海水と餌を一緒に飲み込み、クジラヒゲの間から海水だけを出して餌を濾し取る「エンガルフフィーディング」と、セミクジラ類に見られる口を開けたまま泳ぎ、オキアミやプランクトンだけをクジラヒゲでフィルターのように濾し取る「スキムフィーディング」があります。

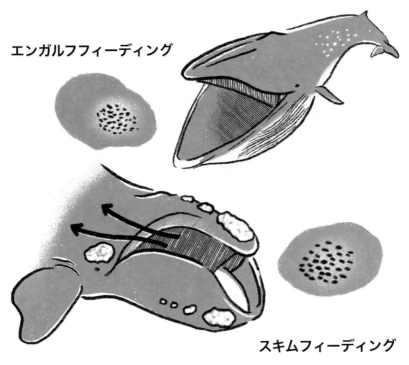

エンガルフフィーディング

スキムフィーディング

どうやってエサを食べる？

 歯はあるけれど本数がすくないハクジラの場合

歯はあるけれどアカボウクジラやツチクジラなどの摂餌方法はもっとユニーク。世界で最初の掃除機は手でレバーを引いて負圧を作りノズルからゴミを吸い取るという真空タイプの掃除機だったのですが、その原理と同じような摂餌方法をとるのがアカボウクジラ科のハクジラたち。「サクションフィーディング」と呼ばれる摂餌方法で、喉にある数本の畝を広げて喉元を膨らませ、舌をピストンのように奥に引っ込めることで口の中の圧を一気に下げて真空状態にし、エコーロケーションで痺れさせた餌を吸い込むんです。

クジラ よもやま話 ②

昭和生れのザトウ先輩

東京・上野国立科学博物館といえば、シロナガスクジラの実物大模型ですよね。
実は、ずっとシロナガスクジラだったわけではなく、その前は昭和48年に完成されたザトウクジラの実物大模型が同じ場所に展示されていたんです。
さらに、その前はナガスクジラの全身骨格標本が展示されていたそうなので、今も昔も科博といえばクジラだったんですね。

ちょっと骨のある クジラ・イルカの
言葉にまつわる
雑学。

『和名の由来の謎　その①』

僕が一番大好きなコククジラ。英名は GRAY WHALE で見た目の体色が由来。
では和名のコククジラの由来はなんなんでしょうか？

漢字で書くと克鯨と書くのですが、「克」は「うちかつ」などの意味でピン
とときません。1760 年に書かれた「鯨志」という江戸時代の鯨学書には狐古
矢刺（こくじら）と記載されています。（狐は小さいという意味）

1808 年の「鯨史稿」には小さめのクジラという流れで兒鯨（こくじら・兒
は児の異字体で小鯨という意味）と記載されています。

これは憶測ですが、コククジラは本来「コクジラ」だったのが間違えて克鯨
と伝わったのではないでしょうか？兒と克ってなんとなく漢字も似ている気
がしませんか？

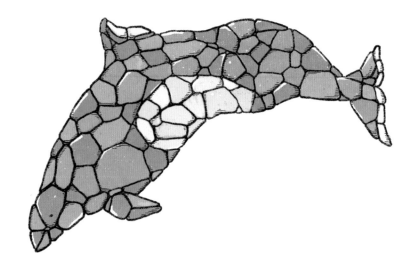

『和名の由来の謎　その②』

コククジラと共に、和名の由来の分からないのが「イシイルカ」。

昭和7年頃は小川鼎三氏にちなみ「オガワイルカ」という和名がついていましたが、昭和9年に朝鮮で集めたというオガワイルカの標本にはイシイルカという名前が記載されていました。

このイシイルカという名前が現在も使用されていると思うのですが、もしかすると朝鮮半島は石材に恵まれた土地で、古来より石の仕事が盛んだったそうなので、発見した土地名として朝鮮半島を石にたとえて「イシイルカ」となったのではないでしょうか。

『真甲？抹香？』

マッコウクジラは漢字で書くと「抹香鯨」と書き、龍涎香が抹香（線香）の香に似ているところに由来しますが、レアな龍涎香が由来というのも、なんとなくしっくりこないものがありますよね。

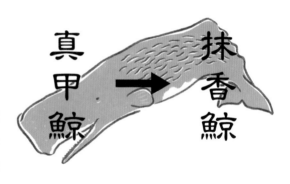

以前、千葉県立中央博物館で見た、江戸時代に描かれたマッコウクジラの絵には「真甲鯨」と書かれてあり、真甲（真向の当て字）は「額の真ん中」や「兜の正面」など頭に由来する言葉で、まさしく体の 1/3 が頭のマッコウクジラの特徴と一致します。江戸時代には「真甲鯨」だったのが、その後、かなり目立つキーワード「龍涎香」が出てきたのでそれにちなみ「抹香鯨」になったのではという説が好きです。

『夢のクジラ』

1874 年に初めて報告されてから 1952 年に和歌山県で再発見されるまで、幻のイルカとされてきた、ユメゴンドウ。日本の鯨類研究の第一人者である山田致知氏が 1952 年に全身骨格を紹介し、100 年近く正式な記録がなく、夢のような大発見だということで「ユメゴンドウ」という和名がつけられました。

『ミンクとミンク』

ミンクといえばほとんどの人がイタチ科のミンクを思い浮かべると思いますが、イルクジ界でミンクといえば「ミンククジラ」。

ミンククジラとイタチのミンクは共通点があるのでしょうか？

イタチのミンクを英語で書くと「mink」発音もミンクですが、ミンククジラは「minke」と書きます。これは捕鯨船砲手のマインケさんの名前（Meincke）が由来とされていて、発音はミンクではなく、ミンキー。

昔はコイワシクジラとも呼ばれていましたが、現在はミンククジラが標準和名になっています。

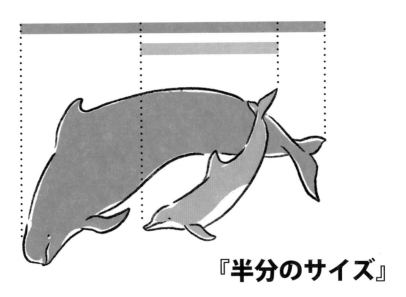

『半分のサイズ』

水族館で人気のバンドウイルカ。イルカウオッチングで人気のハンドウイルカ。
水族館関係者の方はバンドウと呼ぶことが多く、フィールドワークの方はハンド
ウイルカと呼ぶことが多い印象の呼び名。

「ハンドウ」と「バンドウ」、「ハ」か「バ」か。

これにはいろいろな説がありますが、僕のお気に入りをご紹介します。

ハンドウイルカと名付けたのは鯨類研究家の小川鼎三博士。1827年に出版され
た「水族志」に和歌山県の太地での俗称として「はんどういるか」と記されてい
たところから「ハンドウイルカ」と名付けたと、「鯨の話」1950年で述べられ
ています。太地という土地柄から考えて、イルカはコビレゴンドウなどに比べる
と半分くらいのサイズ感なので「半分の胴の長さ」で「はんどう」と呼んでいた
説。これが一番しっくりきます。

それではバンドウは？

バンドウイルカと名づけたのは西脇昌治博士。西脇先生は水族館での飼育の指導者
として活躍されていたこともあり、江ノ島マリンランドでイルカの飼育プールを
導入したときに、関東地方のイルカなので、関東の古称の「坂東」からバンドウイ
ルカに変えたという逸話があります。

『小さなネズミのクジラ』

私たち一般の人にはあまりなじみのない学名。
たとえばザトウクジラは Megaptera novaeangliae と書きます。
Mega は大きい、ptera は翼やヒレという意味で、
novaeangliae は米国のニューイングランド
地方のこと。つまりニューイングランドに
いる大きな翼をもつ鯨という意味。

それではシロナガスクジラの
学名 Balaenoptera musculus は
どんな意味でしょうか。

Balaeno はクジラを意味するラテン語の balaena、ptera は先ほどと同じヒレ。
musculus はなんと小さなネズミ。つまり〝小さなネズミのクジラ″という意味！
命名した 18 世紀の学者カール・フォン・リンネさんが間違えてつけた説やジョー
ク説などがありますが「クジラ + ヒレ + ネズミ」という意味の学名、個人的に
ピッタリだと思っています。シロナガスクジラの背ビレは大きな体のわりにとて
も小さいので、リンネさんはきっと「大きなクジラだけどネズミのように小さな
ヒレを持つクジラ」という意味で学名をつけたんじゃないかなあと想像していま
す。ネズミが衝撃すぎて小さなネズミのクジラという意味に捉えてしまいますが、
プテラという言葉が入っているのがミソだと思います。

漢字だと海豚のほうがメジャーですが、魚偏に甬と書いても「イルカ」と読みます。甬の左側に口をつけると哺乳類の「哺」という字になりますが、哺には育むという意味が含まれているところから、子供を哺乳で育てる魚という意味で「鯆」という字になりました。

由来を知るとこちらのほうがなんとも愛おしい字に見えてきて、個人的に推しです。

『海豚と鯆とイルカ』

クジラの語源は体の大きさや色など、見た目の特徴が由来の説が多いのですが、イルカの語源はどうでしょうか？

イルカの語源にもいろいろ諸説あります。例えば「イヲカ（魚のような食用獣）」や「チノカ（血臭）」が転じてイルカになったという説がよく出てきますが、なんとなくネガティブな感じがしますよね。

想像ですが、もっと単純なんじゃないかなと思っています。

イルカは群れで泳いでいることが多いので「群れでイルから、イルカ」だったりしたらイルカらしいなと思うのですが、どうでしょうか？

『シャチの名前の由来』

それでは「シャチ」の名前の由来はどのような感じでしょうか。

もちろん諸説ありますが、僕のイチオシの説をご紹介します。

昔、漁師さんが魚の群れを追いかけて泳いでくる大きな黒い生き物を見て

「大きな黒い生き物が、海の幸を運んで来てくれたぞー！幸が来たぞ！」の

幸（サチ）が転じてシャチの名前の由来になったという説。

シャチのことを幸（サチ）や幸達（サチタチ）と呼んでいたとしたら、

シャチになる可能性は十分あると思いませんか。

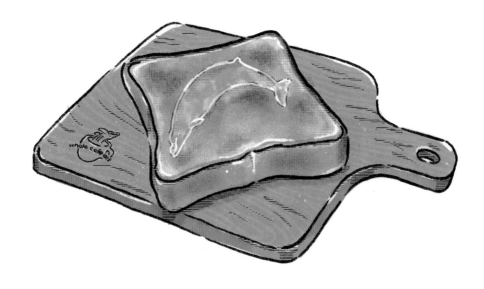

『パンを食べたクジラがいた』

1900 年の書物 "A book of whales" に、とても気になる記載があります。著者の Beddard さんによると "1828 年に捕獲されたヨーロッパオウギハクジラは 2 日間生存していて、パンなどを与えた" という一文があります。短い文章なので状況がはっきりわかりませんが、パンを食べた唯一のクジラではないでしょうか？

『アレが２つ？』

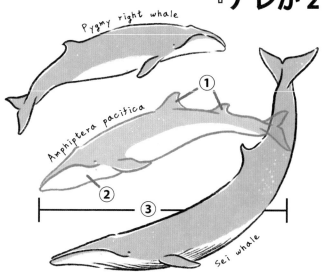

1867 年 9 月 4 日、若い動物学者 Enrico Hillyer Giglioli が船上で見慣れない
ヒゲクジラを発見。15 分ほど観察し、詳細なスケッチを残したそうです。

この見慣れないヒゲクジラには「アレ」が 2 つあって、「アレ」が無かった
そうです。

2 つあったアレは「背ビレ」、無かったアレは「畝」。

セミクジラなどと違い、スケッチではナガスクジラ系の体型。体型的には畝が
ありそうですが、背ビレが 2 つあるのは謎ですね。

コセミクジラには畝がないので、突然変異で背ビレが 2 つあるコセミクジラ
なのかもしれません。

ただ目撃されたものは 18m もあったそうで、4 〜 5m しかないコセミクジラ
では大きさが合わない。ナガスクジラだと特徴的な左右非対称の模様が特筆
されそうだし、ニタリやカツオだと上顎の隆起に目がいく。となると背ビレが
2 つあり、畝がないように見えたイワシクジラなのか。

まだまだ謎が多い鯨類。そこが魅力的でアレなんですよね

The first whale is the humpback whale.

The first dolphins are indian ocean bottlenose dolphins or long-beaked common dolphins.

『日本初のホエールウオッチング』

日本で最初にホエールウオッチングが行われたのは 1988 年、東京都小笠原諸島。
漫画家の岩本久則さん率いる「鯨者連」によって行われました。

では日本で最初のドルフィンウオッチングが行われたのはいつでしょうか。

正式な記録としては残っていませんが、興味深い書物を発見。柳田國男集・第三巻
に収録されている「海豚文明」という手記。

桜島に向かっての航海中にイルカの大群に遭遇したり、インド洋で幾度となくイル
カの遊戯を観たと記されています。大正 13 年に週刊誌に発表された内容で正確な
日時は分かりませんが、記録に残っている最も古いイルカウオッチングの報告では
ないかなと思います。

クジラの最初は漫画家、イルカの最初は民俗学者。お二方ともクジラ・イルカが好
きだったという共通点がなんとも素敵ですね。

『世界初のホエールウオッチング』

それでは世界で最初にホエールウオッチングが行われたのはどこでしょうか。

ホエールウオッチングは 1955 年にアメリカ・サンディエゴで行われた、コククジラウオッチングが最初。

しかも料金は驚きの 1$ ！初年度は 1 万人近くホエールウオッチャーが訪れたそうです。

ホエールウオッチングの事始めが一番好きなコククジラって、なんかうれしいな。

『クジラのいる水族館①』

手元にある水族館の歴史という本の表紙に 19 世紀の
石版画「鯨のいる移動水族館」という作品が使われて
います。見た感じ 5×10m くらいの車輪がついたガラス張り水槽の中にたくさんの
魚と一緒に描かれているクジラはホッキョククジラ。ホッキョククジラは大きすぎ
て無理ですが、コククジラの赤ちゃんが 1997 年にアメリカの水族館、シーワール
ド・サンディエゴで保護されたことがありました。JJ という愛称で親しまれたメス
のコククジラは 14 ヶ月飼育されたあと自然に戻されました。

『クジラのいる水族館②』

1938 年、大きく口を開け採餌中のミンククジラの絵葉書が中之島水族館（現　伊
豆・三津シーパラダイス）から発行されました。絵葉書には「我国にて始めて飼育
に成功したる鯨／奇観鯨の食事振り」と記載されています。↗

『クジラのいる水族館③』

北極圏に生息するイッカクとベルーガ。ベルーガは水族館でも飼育されているので、もしかしたらイッカクを飼育している水族館もあるのでは？

結論からいうと現在、水族館にイッカクはいません。ただし過去には水族館でイッカクを飼育した記録があります。1970年、カナダのバンクーバー水族館でイッカ

クの飼育と繁殖を目指してオス1頭、メス2頭、幼獣3頭の展示を試みましたが、数ヶ月で残念な結果となりました。ユニコーンのモデルにもなったイッカク。まだまだ謎が多く、多くの人々を魅了してやまない鯨類です。

世界の水族館でヒゲクジラの飼育例はアメリカのシーワールドのコククジラ（1965年・1971年・1997年の3例）と三津の水族館のミンククジラ（1938年・1954年・1965年・1982年の4例）のみ。なので1938年のミンククジラの飼育は、日本初だけでなく世界初のヒゲクジラ飼育記録なんです。

『あのクジラのモデル』

クジラ界で最もよく知られたキャラクターといえば「白鯨」のモビーディックではないでしょうか。モビーディックは小説の中の架空のキャラクターですが、実はモビーディックのモデルになったマッコウクジラがいるんです。
その名もモカ・ディック（Mocha Dick）。
モカ・ディックは 19 世紀前半に太平洋に生息していた体の色が白い雄のマッコウクジラの異名。
噴気孔付近がフジツボで覆われており、ブローが斜め前方ではなく垂直に吹き上がっていたそうです。

『由来は悪魔』

悪魔の名前がつく鯨なんていないよね。
ところがいるんです。しかも超人気者。
シャチは英語で KILLER WHALE と書きますが、KILLER のイメージが怖い感じなので僕はよく ORCA を使います。
シャチの学名 Orcinus orca はラテン語で「死後の世界の悪魔」という意味。。。
うーん…どっちも怖いやん。

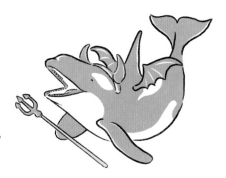

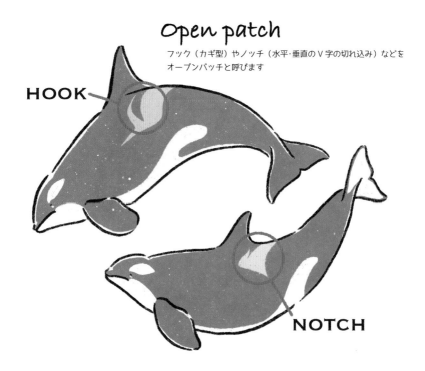

Open patch

フック（カギ型）やノッチ（水平・垂直のV字の切れ込み）などを
オープンパッチと呼びます

HOOK

NOTCH

『サドルパッチ』

シャチの背ビレの後ろ側にあるサドルパッチ。人間の指紋のように形がそれ
ぞれ異なります。

オープンパッチと呼ばれる水平方向や垂直方向に切れ込みのあるノッチやカ
ギ型に大きく切れ込んだフックなどがあります。他にもオープンパッチでは
ないですがスムーズやバンプなど切れ込みがないパッチもあり、よく見ると
かなり個性的です。左右で異なる個体がいるので、研究用には左側のサドル
パッチを撮影します。

『シャチの博物館』

クジラの博物館や捕鯨博物館は世界中
にありますが、シャチの博物館がある
のをご存知でしょうか？
オーストラリアにあるエデン・シャチ博
物館には、トムという愛称で親しまれた
シャチの骨格が展示されています。

1930年頃、オーストラリアのエデンという町では定期的に捕鯨が行われて
いました。それに気づいたトムというオスのシャチはクジラを湾に追い込み、
漁師たちからお礼に好物の舌などをもらうという、協力関係を結んで捕鯨を
していました。

『世界初のシャチグッズ』

1987年に北海道函館市・桔梗の2遺跡から発掘された縄文時代のものと推定され
るシャチを模した小さな土偶。これが今でも通用するデザインで、シャチの形が
とてもいい！注目すべき点は噴気孔の穴と背ビレとの間にある何を意味している
のかは不明な横向きに走る溝。何か儀
式的なものを差し込んだりしたのかと
も思うのですが、今の感覚だと、カー
ドスタンドのようにも見えますよね。
もしかしたら溝にそって紐などでくく
り、ペンダントにしたのかも。シャチ
にかなり造詣が深い人が作った
のではと思うくらいデザイン性
に優れているので、もしかする
と、世界初のシャチグッズなの
かもしれませんね。

『ハレー彗星』

淮南子という古い中国の思想書に「鯨魚
死して彗星出づ」という一文があります。
クジラが死ぬと彗星が出現し、よくない
ことが起きるという意味で使われていた
ようですが、実にうまくたとえているな
あと思います。

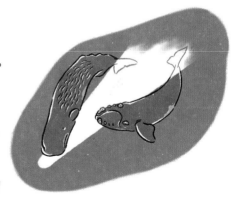

淮南子は紀元前 179 年頃にかかれた書物
で、当時クジラの寿命を計算する方法があったのかわかりませんが、76 年に 1 度
地球に接近するハレー彗星と、マッコウクジラやセミクジラの寿命（70 年ほど）が
みごとにリンクします。
クジラの寿命とハレー彗星の飛来周期を後世の時代に残す方法として書かれた一文
かもしれないと思うとロマンを感じませんか。

『海坊主のモデル』

海坊主ってかなり大きいイメージですが、2 〜 10m とサイズ感はバラバラ。
意外と小さな海坊主もいるんですね。
海坊主のモデルはいろいろな説があり
ますが、2m クラスの小さな海坊主は
スナメリ、10m クラスの大きな海坊
主は落命し漂流しているザトウクジ
ラ説がお気に入り。
漁師さんが作業中に海面から
スナメリがこんにちはって出
てきたら、海から出てきた坊

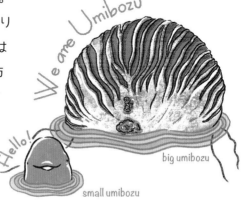

Hello! We are Umibozu

big umibozu

small umibozu

主に見えるし、沖に出てメタンガスでパンパンに膨れ上がったザトウクジラが船
に向かってきたら、もう海坊主でしょう。

『世界初、法律で保護されたイルカ』

1904年ニュージーランドである法令が布告されました。内容はペロルス・ジャック (Pelorus Jack) を保護する法律。ペロルス・ジャックはなんと「ハナゴンドウ」。ニュージーランドの海域では珍しい鯨種で、クック海峡を渡る客船を誘導したりと乗客やクルーたちの間で有名になったハナゴンドウ。1904年にライフルで狙撃されるという事件が起こり、同年、ペロルス・ジャックを保護する法律ができました。

『クジラの道』

道を英語でいうと ROAD ですが、WHALE-ROAD という言葉をご存知でしょうか。英語には古期英語とよばれる英語の原型があるのですが、2つ以上の言葉を組み合わせて表現するとても素敵な特徴があります。その中にあるのが hronrad という

言葉。これは現代の英語で言うと WHALE と ROAD を組み合わせた言葉。直訳すれば「クジラの道」となりますが、hronrad は「海」という意味なんです。
海をクジラの道と表現するなんて、とても素敵ですね。

WHALE
ROAD
the ocean

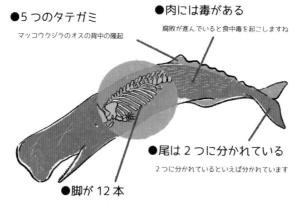

●5 つのタテガミ
マッコウクジラのオスの背中の隆起

●肉には毒がある
腐敗が進んでいると食中毒を起こしますね

●尾は 2 つに分かれている
2 つに分かれているといえば分かれています

●脚が 12 本
マッコウクジラの肋骨の数は 11 本。
腐敗が進んだ体から突き出てた？

『ムカデクジラ』

江戸時代の鯨の専門書「鯨史稿」のなかに「蜈蚣鯨 - ムカデクジラ -」という記載があります。

内容はザクっと「伝説によるとクジラの一種でタテガミが 5 つあり、尾は 2 に分かれ、短い脚が 12 本、ムカデに似ている。肉には毒があるので食べると死ぬ。」という感じ。

今でいう UMA みたいな伝説ですが、僕なりの想像では「ストランディングし腐敗の進んだマッコウクジラ」じゃないかなと思っています。

古来、日本ではストランディングしたクジラを「寄り鯨」と呼び、海の幸として重宝されていました。

マッコウクジラには背びれはないですが数個のコブのような隆起があり、オスはこの隆起がとても目立ちます。腐敗が進んでいるとタテガミのように見えるかもしれません。脚が 12 本は、マッコクジラの肋骨は 11 本ほどあるので、これが腐敗した体から突き出ていたとしたら脚に見えるかも。腐敗が進んでいるので食べると食中毒も起こしそうです。

つまり、蜈蚣鯨とは、架空の生物のことではなく、寄り鯨がこのような状態だったら食用にしてはいけないよという注意喚起のようなものかなと想像しています。

『西遊記』

西遊記といえば三蔵法師、孫悟空、猪八戒、沙悟浄が活躍する中国の白話小説ですが、この中にクジラと関係があるキャラクターがいます。悟空？八戒？

正解は沙悟浄。あくまで一つの説ですが、沙悟浄のモデルはヨウスコウカワイルカという説があるんです。

沙悟浄は河童というイメージですが、河童は日本独自の妖怪で、中国にはいないんです。

『アラビアンナイト』

アラジンと魔法のランプでお馴染みのアラビアンナイト。日本では千夜一夜物語の名称でも知られていますが、その中に龍涎香が出てくるストーリーがあります。

「龍涎香は天然の泉」というお話で、蝋のように流動的で海へ流れ出ると、深海の怪物が出てきて飲み込みます。龍涎香は胃のなかに入ると焼けて熱くなり、吐き出された龍涎香は水面で固まり岸へ打ち上げられ、それを旅人が拾い売りに出すというストーリー。

この話がいつ書かれたのかは不明ですが、深海の怪物が吐き出すという点は、マッコウクジラに通じるところがあり興味深いですね。

『クジラになりたいうなぎ』

どんな人でも大きな野望を持っているという英語表現 every eel hopes to become a whale、すべてのウナギはクジラになりたいというニュアンスですが、クジラとウナギには回遊という共通点があります。クジラは季節によって長距離移動をしますが、一生のほとんどを河川や湖で過ごすのにウナギは繁殖のために海へ回遊します。住み慣れた川から海へと回遊するウナギは本当にクジラになりたいのかもしれませんね。

『セトリス』

「落ちモノパズルゲーム」。テトリスなどが有名ですよね。サクッと遊べてハマる人も多いですが、僕はこのタイプのゲームが苦手なんです。どちらかというと、テトリスより「セトリス」のほうが大好き♪
え？セトリスって何？ゲームの種類？いえいえ。実はクジラの耳の骨（鼓室胞や耳周骨）のことを「セトリス（cetolith 鯨の石）」というんです。

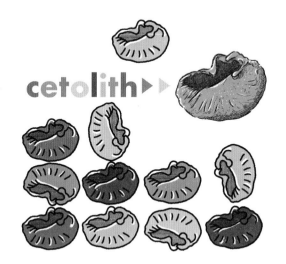

cetolith ▶▶

『アリストテレス』

紀元前4世紀に古代ギリシャの哲学者アリストテレスによって書かれた動物誌でクジラは胎生の哺乳動物だと世界で初めて記述されました。

ただしその後約2000年もの間、クジラは魚の仲間だと考えられていました。

18世紀になり哺乳類というグループができて、やっと海に棲む哺乳類だと分類されたんです。

アリストテレス自身も動物誌の下巻第8巻第2章の中で、最も奇異な生き物としてイルカやクジラを水棲動物とも陸上動物とも言い切ることは容易にできず、両方の性質を兼ねていると記載しています。

『第一発見者は野球少年』

1957年、当時世界のどこでも発見されていない珍しいクジラが日本で発見されました。

神奈川県大磯海岸でストランディングし暴れていたクジラを野球をしていた元気な少年たちが発見し、なんとバットで捕獲。連絡を受けた鯨類研究の第一人者、西脇昌治氏が下顎の歯の形が銀杏の歯に似ているところから「イチョウハクジラ」と名付けました。

『鯨類と震災』

2011年3月22日、仙台市の海岸から2キロほど陸側に入った水田でスナメリの子供が救出されました。

スナメリの生息域の北限が仙台。津波で陸地に打ち上げられてしまったスナメリをボランティアの方々が救助し海に戻されたニュースは記憶と記録に残る出来事でした。

『シャチ座』

冬の夜空に輝く、おおいぬ座のシリウス、オリオン座のベテルギウス、こいぬ座のプロキオンで作る冬の大三角形。この、こいぬ座の1等星のプロキオンをアイヌの人々は「レプンカムィノカ・ノチゥ（沖のカムィの形の星）」と呼んでいます。

レプンカムィとはシャチのこと。つまり、こいぬ座はアイヌ星座ではシャチ座ということになりますね。

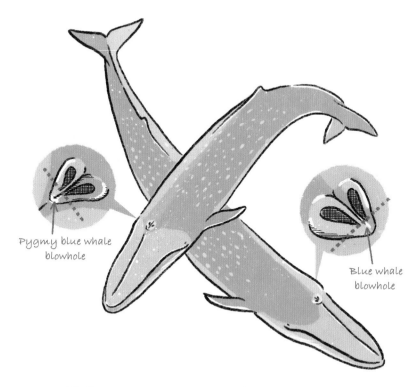

Pygmy blue whale
blowhole

Blue whale
blowhole

『小さいシロナガスクジラ』

1960年、インド洋で少し小さめのシロナガスクジラが発見されました。

最大級でも24m以下で通常のシロナガスクジラに比べ4mほど小さい体型から、市原忠義博士がアフリカのピグミー族にちなみ、シロナガスクジラの亜種としてピグミーシロナガスクジラと命名しました。

ピグミーシロナガスクジラは頭の大きさに比べて胴体が短いところや、噴気孔の中心部分の筋が鼻の穴よりも上のほうまで入っている個体が多いところなどが見分ける一つのポイントになっています。

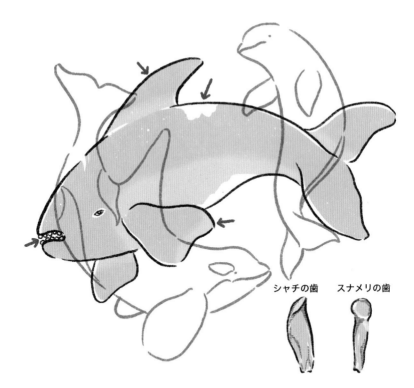

シャチの歯　　スナメリの歯

『スナメリクジラ』

江戸時代の鯨史稿や鯨及海豚各種之図という書物に「牙が芋子に似ている」クジラが紹介されています。その名も「スナメリクジラ」。

たしかにスナメリの歯の形はとがった円錐形ではなく先端が丸い型。芋子（子芋、里芋）に見えなくもないです。文章だけみればたしかにスナメリなんですが、描かれている絵が、私たちの知っているスナメリとは異なり、立派な背びれがあります。大きさも2〜3丈とありますから6〜9mほど。真っ黒な体色や胸ビレの形、背ビレの後ろにある模様をみると、P45でご紹介したメラニズムのシャチのようにも見えます。ただ、特筆された「牙形芋子二似タリ」（※原文ママ）がこの「スナメリクジラ」を謎に包んでいます。スナメリの名前の由来ははっきりしていないのですが、もしかしたらこれが由来なのでは？

『辰年は鯨年？』

クジラは海に棲む謎に包まれている生き物。洋の東西を問わず、海のモンスターであったり、神話や伝説で描かれるクジラは顔が猪のように牙をもち下半身は魚のように鱗があったりと、竜伝説のルーツは個人的にクジラではと思っています。

江戸時代の平賀源内の書いた書物にある「竜はいない。鯨骨の見間違いだろう」という記載にも見られるように、後ろ足のない鯨骨（個人的にはシャチの骨）はドラゴンのようです。

中国の伝説の一つ、鯉が急流を上り鯱に変化し、最後に竜に変身するという、鯉の出世伝説（登竜門の由来）でシャチが竜になるところから見ても、鯨と竜は関係があるように感じます。

※詳しくはクジラ・イルカの雑学図鑑 P58 参照

クジラにまつわる言葉で

こんげい きょろうを おこす
鯤鯨興巨浪
鯨が竜になるときが来ました！
チャンス到来です

こんげい いまだ へんぜざるとき
鯤鯨未変時
今はまだその時期ではないので
しっかり準備をしましょう

●鯤鯨興巨浪
新しいことを始めれば、大成功する
ということ。
●鯤鯨未変時
時期が来れば一気に成功するということ。
●鯨飲馬食
鯨のように多量の酒を飲み、
馬のように多量の物を食べること。

げいいん ばしょく
鯨飲馬食
食べすぎや、飲みすぎには
注意しましょう

いわしのたとえにくじら

鰯のたとえに鯨

ウソや大げさな発言はひかえましょう

くじらのけんかにえびのせがさける

鯨の喧嘩に
海老の背が裂ける

トラブルに巻き込まれないように注意

いわしあみでくじらとる

鰯網で鯨捕る

思いがけず幸運に恵まれるでしょう

●鰯のたとえに鯨

物事の説明をするときのたとえが不適切

であること。

●鯨の喧嘩に海老の背が裂ける

強者同士の争いの巻き添えを食らうこと。

●鰯網で鯨捕る

思いがけない幸運を得ること。

クジラ
よもやま話 ③
南極オキアミを食べてみた

オイシソウ！

クジラが食べる代表的なモノといえば「オキアミ」ですよね。
でも「オキアミってどんな味がするんだろう？」と思っていたら、日本未発売の
南極オキアミの缶詰をいただいたので、早速「南極オキアミつくね」に調理して
実際に食べてみました。オキアミの味は個人の感想ですが、エビのむき身という
よりカニっぽい感じで、とてもおいしくいただきました。
これで身も心もクジラにまた一歩近づいたかな。

詳細やレシピは QR コードから

●Antarctic KRILL MEAT in Water 提供・海郷株式会社様

ちょっと骨のある クジラ・イルカの
骨にまつわる
雑学。

指の数4本
ヒゲクジラ類

指の数5本
セミクジラ類とハクジラ類

セミクジラ

シロナガスクジラ

マッコウクジラ

ザトウクジラ

コククジラ

シャチ

ニタリクジラ

ツチクジラ

コセミクジラ

ハンドウイルカ

『クジラの手』

クジラの手にはヒトの手のような指の骨があるんですが、「ヒトのような」というと思い込みで5本あるのかなと思ってしまいますよね。

実は指が5本あるのと4本しかない種類があります。

マッコウクジラやイルカ、シャチなどのハクジラは指の数が5本、シロナガスやザトウクジラなどナガスクジラ科は4本、ホッキョククジラとセミクジラのセミクジラ科は5本。ただし、セミクジラ科でもコセミクジラは4本しかありません。なのでヒゲクジラは4本、ハクジラは5本と、ざっくり覚えておきましょう。

『指の骨』

クジラの胸ビレには私たちと同じような
指がありますが、少し違うのは骨の数。
たとえばシャチだと親指2、人差し指7、
中指5、薬指4、小指3。ただし種類に
よって骨の数が異なります。

●ヒレナガゴンドウの指の骨の数
　親指　3〜4個
　人差し指　9〜14個
　中指　9〜11個
　薬指　2〜3個
　小指　1〜2個

『クジラの人差し指』

クジラ界でいちばん胸ビレが長いといえばザトウクジラを思い浮かべますが、い
ちばん長い人差し指を持つのはヒレナガゴンドウ。ザトウクジラの人差し指の骨
の数は約7個ですが、ヒレナガゴンドウの人差し指の骨の数はなんと14個！
ヒトの指は中指がいちばん長く、骨は親指以外3個で、4個以上あるのは指骨過
剰と呼ばれています。なぜそんなに長くする必要があったんでしょうね？

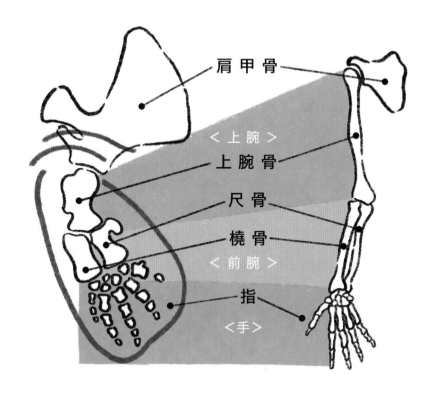

『クジラの腕』

クジラやイルカの胸ビレは人でいうところの手？それとも腕？

胸ビレは進化の過程で陸上生活で使っていた前足が変化したものなので、ヒトの腕と相同器官。

骨格を見てみると人の腕と同じ構造をしていることがわかります。

クジラの胸ビレの中には上腕・前腕・手がぎゅっと詰まっている感じですね。

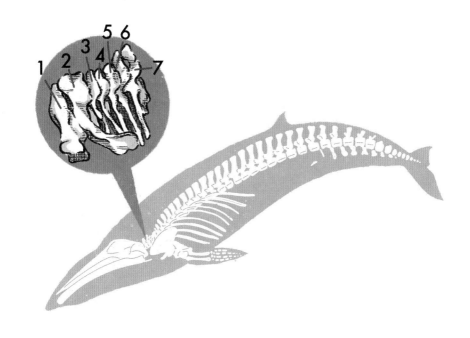

『首の骨の数』

クジラは泳ぐのに適した紡錘型（ぼうすいけい）の体型なので「首」のくびれ
などはありませんが、首の骨はちゃんとあります。

哺乳類の首の骨（頸椎）の数は一部を除いて 7 個。私たちヒトもクジラもキリ
ンも首の骨は 7 個なんです。

『クジラの乳歯』

イルカやマッコウクジラなどハクジラの
歯は、私たちのような乳歯はなく、生え
かわることはありません。

ヒゲクジラは歯の代わりに口の
中にはびっしりクジラヒゲが生
えていますが、データによると
推定胎齢2週間・胎長約10cmの

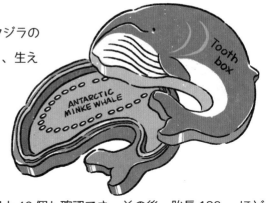

クロミンククジラで歯の形成が最大40個も確認でき、その後、胎長180cmほど
で歯は吸収されて確認できなくなったそうです。

成長時のある時期にヒゲクジラでも歯が一瞬生えるなんて不思議ですね。

『歯並び』

ヒトの歯と歯の間にはあまり
隙間がありませんが、イルカ
の歯は口を閉じたときに歯と
歯がぶつからないように隙間
があり、歯茎には歯が入るく
ぼみもあります。

また、マッコウクジラの雄の
上顎にも下顎の歯が入るくぼ
みがあり、口がピッタリ閉じるようにできています。

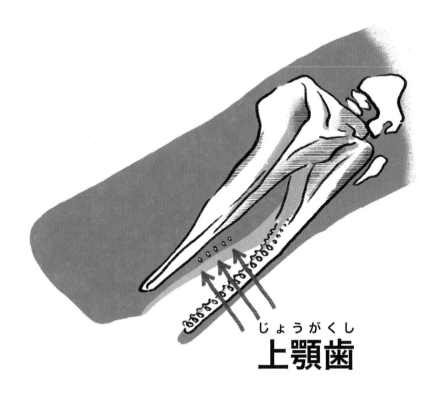

じょうがくし
上顎歯

『埋没した歯』

マッコウクジラの上顎歯は歯茎に埋没していて表面に出てくることはなく、宙に浮いた状態にあるので博物館などの骨格標本でも展示されることはないレアな歯。ただし、国立科学博物館のマッコウクジラの半身模型付全身骨格標本では、この上顎歯が見える素敵な展示をされています。これはぜひ実際に見てほしいおすすめポイントです。ちなみに、この上顎歯は一生涯、歯肉に埋まって先端が摩耗することがないので、断面の層を数える年齢査定にも使われます。

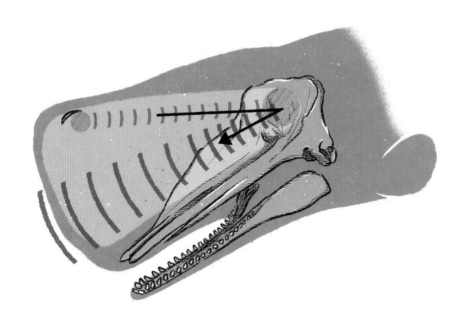

『鯨類最大の未解決案件』

体の1/3が頭のマッコウクジラ。その大きな頭には脳油があり、海水や血流で冷やしたり温めたりして、海底に沈むときの重りや浮力に使われると永らく思われていました。しかし潜って餌を取るときエコーロケーションに使うメロン部分を固めてしまう、鼻腔を通して空気を絞りメロンを通すのに鼻腔が先端にあるなどの疑問点も多くあり、最近の研究では独特の頭骨の形を利用しエコーロケーションを強力にしていると考えられています。

深海でのことなので実際に確認することができず謎のままですが、鯨類最大の未解決案件かもしれません。

『ブラインド・ドルフィン』

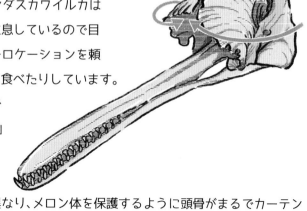

ガンジスカワイルカとインダスカワイルカは
とても濁った河川などで生息しているので目
はほとんど退化し、エコーロケーションを頼
りに周囲を把握したり餌を食べたりしています。
目が見えないイルカなので
「ブラインド・ドルフィン」
とも呼ばれていますが、
その頭骨がとても特徴的。

他のカワイルカたちとは異なり、メロン体を保護するように頭骨がまるでカーテン
やブラインドで覆うように発達しているんです。

『骨密度』

アカボウクジラ科の仲間で、ひときわ異彩を放つ頭骨をもつコブハクジラ。フェ
ンス状になった部分の骨密度が高く、dense-beaked whale（密度の高いアカボウ
クジラ）と呼ばれたりしています。雄同士で

争うときの防御の役割や、エコーロ
ケーションのビームを
安定させるバラスト
的な役割をしている
のではないかと考え
られていますが、ま
だ解明されていませ
ん。博物館などで見
る機会があれば、ぜ
ひチェックしてみてください。

『母イッカク、父ベルーガ』

1990 年、ある科学者がグリーンランドの離島で奇妙な鯨類の頭骨を見つけました。上の歯が前を向いているのでイッカクのようにも見えますが、イッカクにはない下の歯があり、かといってベルーガにしては歯が少ないこの頭骨の持ち主は、後にイッカクの母親と、ベルーガの父親を持つハイブリッドだとわかり、Narwhal（イッカク）と Beluga（ベルーガ）を足して Narluga（ナルーガ）と名付けられました。

『螺旋状の歯』

イッカクのツノはオスの左切歯が左巻きの螺旋状に伸びてできたものですが、
稀に2本のツノを持つ個体も現れます。
そのときは右側の切歯が伸びていくのですが、こちらも左巻きに伸びています。
右側の歯なので右巻きなのかと思いきや、なんとも不思議ですね。

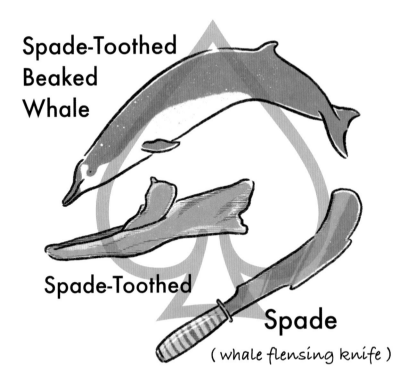

Spade-Toothed
Beaked
Whale

Spade-Toothed

Spade

(whale flensing knife)

『スペードのクジラ』

以前はバハモンドオウギハクジラと呼ばれていた、まだまだ不明な部分の多い
トラバースオウギハクジラ。英名は Spade-Toothed Beaked Whale といい、
歯がスペードに似ているところから名付けられました。スペードといわれると、
トランプの♤を思い浮かべてしまいますが、歯の先端に小さな突起がある特徴
的な形が 19 世紀ごろに使われていた捕鯨用ナイフのスペードに似ていること
にちなんでいます。

デンティクル

『ロックなクジラ』

牙のような歯を持つヒモハクジラ。雄の下顎だけに生える1対の歯はとても
長く、上顎を覆うようにカールしています。そのおかげで口を開くことがで
きない個体も多いんだとか。
この特徴的な歯をよーく見てみると、先端にデンティクルと呼ばれる小さな
突起があります。
まるでロックンローラー御用達の鋲ジャンみたいですね。

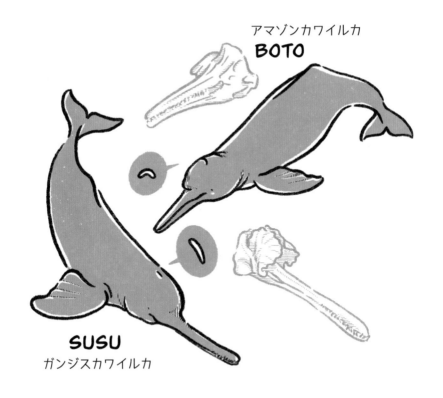

アマゾンカワイルカ
BOTO

SUSU
ガンジスカワイルカ

『三日月と溝』

ガンジスカワイルカは「SUSU」と、なんともかわいい愛称。息継ぎのときに噴気孔から聞こえる「スースー」という音に由来します。

アマゾンカワイルカなどでは呼吸音はプシュっという感じなのに、ガンジスカワイルカはなぜスースーと聞こえるのか？気になっていろいろ資料を調べてみたところ、ガンジスカワイルカの噴気孔の形がハクジラ類の一般的な三日月型ではなく一本の溝状なんです。P93 でご紹介した頭骨の形状が、スースーという呼吸音と溝状の噴気孔の形の原因なのではないでしょうか。

『シワシワの歯』

クジラで「シワ」といえば体がシワだらけのマッコウクジラを思い浮かべますが、名前に「シワ」がつくイルカがいます。

その名もシワハイルカ（皺歯海豚）。英名も Rough-toothed Dolphin（粗い歯のイルカ）で、ともに歯の見た目に由来します。どんな歯かというと、歯の先端（歯冠）がアーモンドのように縦方向にたくさんの皺が入っています。

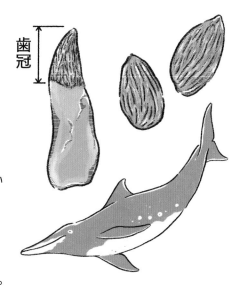

『サングラスの起源』

サングラスの起源の一つとされているエスキモーグラス。

エスキモーグラスは北極圏に住むイヌイットの人々が強烈な雪の照り返しから目を守るために動物の骨などで作った遮光器。鯨骨製のものもあります。

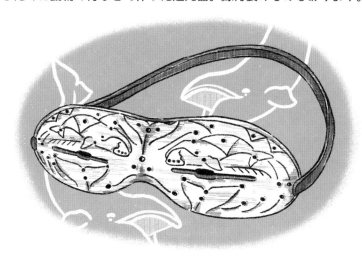

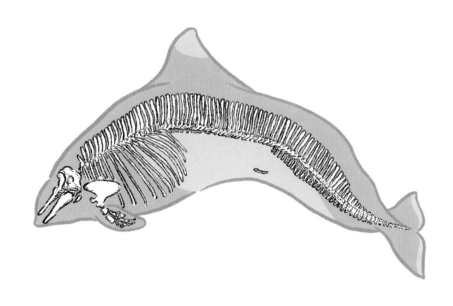

『鯨類 No.1 マッチョ』

イシイルカを見るたびに、顔が小さく、背中が盛り上がり、キールも発達していて、泳ぎ方もワイルドなマッチョイルカだなあと思っていたのですが、骨格をみて納得。他のイルカと比べて椎骨の上の突起が長い！これだけ長いと背中にかなりの厚みの筋肉がついているんだろうなと思います。

しかもハンドウイルカなどは 60 本前後の椎骨なのに対し、イシイルカは鯨類の中でも最も多く、最大で 98 本もあるそうです。まさに鯨類界 No.1 のマッチョボディの持ち主です。

背筋がチョモランマ！ナイスバルク！ナイスキール！

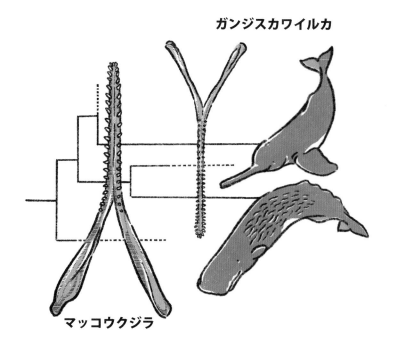

ガンジスカワイルカ

マッコウクジラ

『Ｙ字型』

生きた化石とも呼ばれるカワイルカたち。頭骨などが原始的な形状をしていて、細長いクチバシを持ちます。特にガンジスカワイルカの下顎の骨は他の海洋性イルカなどがＶ字型なのに比べてきれいなＹ字型。

下顎がＹ字型なのはカワイルカの他はマッコウクジラのみに見られる特徴。ガンジスカワイルカとマッコウクジラは遺伝的に近い系統と考えられていますが、同じような下顎なのにマッコウクジラは頭が四角く、ガンジスカワイルカはクチバシになる。進化って面白いですね。

コククジラの寛骨

シャチの寛骨

かんこつ

『寛骨の形』

クジラは私たちと同じ哺乳類で、はるか昔、クジラの先祖は4本足で陸上で生活していました。

進化の過程で水中での生活を選択したため前足は「胸ビレ」に変化し、後ろ足は無くなりましたが、体の中に後ろ足の名残の骨の「寛骨」があります。ヒゲクジラの寛骨は三角形、ハクジラは棒状のものが多く、種類によって形が異なります。

『ホネクイハナムシ』

2006年に鹿児島沖に海洋投棄によって沈められたマッコウクジラの骨から発見された、鯨骨のみに生息するホネクイハナムシという多毛類。

海底のどこで鯨骨生物群集が形成されているか広い海で見つけるのは困難なため、

まだまだ解明されていない
謎がたくさん。2023年に大
阪湾淀川河口で発見された
マッコウクジラの淀ちゃんは
海洋投棄の場所が特定できて
いるので、研究などに活用さ
れることを期待します。

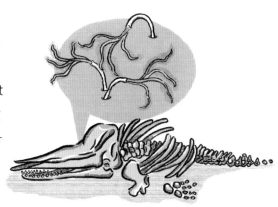

『鯨骨鳥居』

和歌山の太地や大阪、長崎などのクジラ
にゆかりのある神社で見かけるクジラの
下顎を使った鯨骨鳥居。

太地の恵比寿神社の鯨骨鳥居は1985年
に初めて建立されましたが、これは江戸
時代の浮世草子「日本永代蔵」（井原西
鶴著）から発想を得て作られたそうです。

ちなみに、現存する日本国内の鯨骨鳥居
は「鳥居」風で下顎の先端が離れて設置

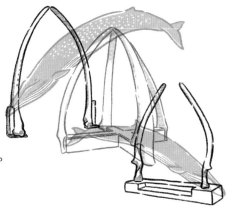

されているのがほとんどですが、外国では whale bone arch と呼ばれ、下顎の
先端がくっついていて「門」の形状をしています。中には4本でクロスしたも
のもあります。

『歯の数』

哺乳類の歯の数は種類によってもちろん異なりますが
合計44本が基本。ん？44本？
あれ？イルカの歯って100本くらいあったような？
そうなんです、イルカ、特にカマイルカ
は上下合わせて約120本の歯があり、哺
乳類でいちばん歯が多い生き物なん
です。

『男と女』

ツチクジラとミナミツチクジラはアカボウクジラ科の中で唯一、雌雄共に下顎に
2対4本の歯が生えています。
また、ハクジラは一般的にメスよりオスのほうが大きく、ヒゲクジラは逆にオス
よりもメスのほうが大きいのですが、ツチクジラはハクジラで唯一メスのほうが
少しだけ大きいんです。哺乳類
では一般的にオスのほうが大き
いですが、ヒゲクジラとツチク
ジラのメスは珍しいタイプなん
です。

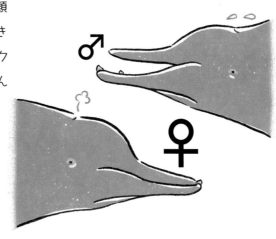

『交連骨格標本
　　と分離骨格標本』
<small>こうれんこっかくひょうほん</small>

骨格標本には組み立てる「骨格標本」と組み立てない「骨格標本」があります。
私たちが普段、博物館などで見ているクジラの骨格標本は骨同士を正しく組み立
てた「交連骨格標本」といい、クジラが生きていたときの姿や大きさをたくさん
の人に伝えてくれます。ちなみに、組み立てずに研究のための資料としてバラバ
ラの状態で保管しているものを「分離骨格標本」といいます。

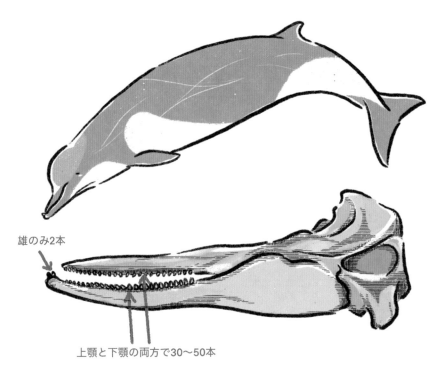

雄のみ2本

上顎と下顎の両方で30〜50本

『機能的な歯』

ツチクジラやオウギハクジラなどのアカボウクジラ科は雄の下顎に歯が
1〜2対しか無いのが特徴的ですが、タスマニアクチバシクジラは、ア
カボウクジラ科で唯一、機能的な歯を持ちます。オスは先端に大きな歯
がありますが、雄雌共、上下に円錐形の歯が30〜50本ほど生えていま
す。アカボウクジラ科のクジラたちはイカが主食ですが、歯があるおか
げなのかイカ以外に魚も食べているのではと考えられています。

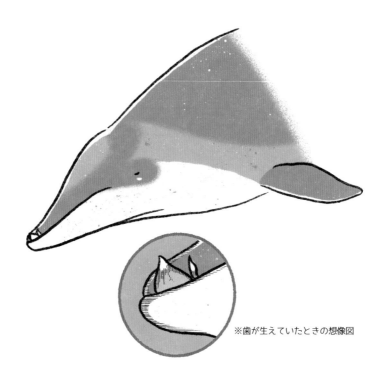

※歯が生えていたときの想像図

『親知らず』

2016年2月にオーストラリア南部のビーチにストランディングした若い
メスのニュージーランドオウギハクジラには、他のアカボウクジラの仲間
とは異なる特徴がありました。

通常、オスの下顎には1対の三角形の歯が生えていますが、この個体はメ
ス。歯が生えているメスというだけでもレアケースなんですが、それだけ
でなくもう一対の小さな歯がありました。これが私たちの親知らずみたい
なものなのか、この種では多い事例なのか、先祖返りなのかは、サンプル
が少なく現時点ではわからないようですが、詳しいことがまだまだ解明さ
れていないアカボウクジラの仲間たちには常に驚かされますね。

すべて円錐形の歯

『エサは丸のみ』

イルカやシャチ、ゴンドウクジラなどハクジラの歯は、私たちのように臼歯や犬歯など異なる形ではなく、前歯も奥歯もすべて円錐形をしています。

同じ形の歯が並んでいることを同形歯性といい、臼歯がないのでハクジラは餌を食べるときに咀嚼をしません。

なので歯がないヒゲクジラはもちろんですが、歯があるハクジラも基本的にエサは丸のみとなります。

『ニセモノ』

オキゴンドウの英名は False Killer Whale。シャチの偽物という意味ですが、これは頭骨がシャチに似ていることに由来します。

日本でもシャチモドキという別名が示すように、シャチのように他の鯨類を襲うこともあります。オキゴンドウとシャチは頭骨も似ていますが生態も似ているんですね。

『ウニコール』

ウニコール？聞き慣れない言葉ですね。

実はイッカクの牙のことを表す古い言い方なんです。1796年に発行された『一角纂考』（いっかくさんこう）は当時、解毒万能薬・烏泥哥兒（ウニコール）とされていたイッカクの専門書。2本角の頭骨や胎児のイラストまで描かれていて、イッカクの情報が満載の1冊。この時代、クジラは背美鯨、座頭鯨、長須鯨、兒鯨、抹香鯨、鰹鯨の「六鯨」に分類されていたので、江戸時代の本屋に並んでいた一角纂考を手に取った人は伝説の生物「一角獣」に興奮したでしょうね。

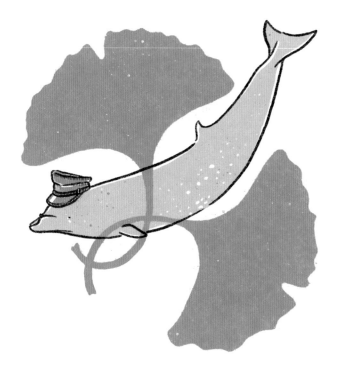

『東京大学』

東京大学とクジラの意外な接点とは？

銀杏の葉っぱのような形をした歯をもつイチョウハクジラ。和名の由来は
その歯の形からですが、1958年に哺乳類学者の西脇昌治博士と神谷敏郎
博士が新種のクジラをイチョウハクジラとして報告した際に、当時、所属
していた東京大学の徽章（きしょう：衣類や帽子などに付けるバッジ）の
イチョウにあやかったというエピソードがあります。

『絶滅クジラのオモシロ骨格』

オドベノケトプス

雄の右側前歯（切歯）が伸びて牙状になるクジラがいたんです。イッカクは前方に伸びていますが、オドベノケトプスは後方に伸びていて、求愛のシンボルや、海底を掘り起こしエサを探していたと考えられています。

スキマーポーパス

スキマーとは「すくいとる」という意味。絶滅種にはなりますが「すくいとリイルカ」という意味の「スキマーポーパス（学名：セミロストルム）」というイルカがいました。スキマーポーパスはネズミイルカの絶滅種。海底にいるエサを長い下顎を使って探したり、すくいとっていたと考えられています。

ニンジャデルフィス

忍者の里、伊賀市で1998年に約1700万年前のイルカの化石が発掘されました。
ガンジスカワイルカの仲間で、体長の1/3ほどの細長いくちばしが特徴。
絶滅した古代の鯨類ですが、カワイルカタイプが日本で発見されたことは驚きですね。
忍者の里で発見されたのでニンジャデルフィス（忍者イルカ）という学名がつけられました。

『フジツボ』

ザトウクジラやコククジラの顔やヒレにくっついているフジツボ。フジツボがどうやってクジラにくっつくのかはっきり解明されていませんが、比較的浅い沿岸部などに生息するザトウクジラやコククジラは遊泳速度が時速10キロと他のクジラと比べるとゆっくり泳ぐのでフジツボが付きやすいといわれています。深海を行き来するマッコウクジラ（遊泳速度は時速45キロ）などにフジツボの付着がないところをみると、深さやスピードが関係しているのかもしれませんね。ザトウクジラには「オニフジツボ」、コククジラには「ハイザラフジツボ」だけがくっつくのも不思議です。

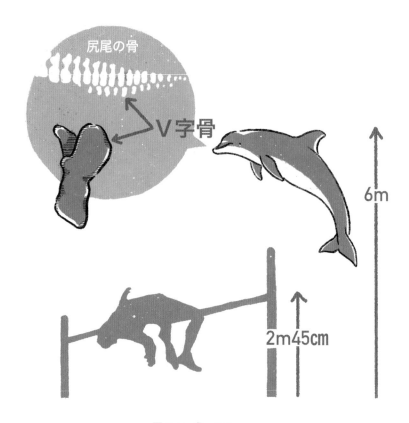

『V字骨』

走り高跳びの世界記録は 2m45cm。助走の距離は平均 4m ほど。イルカもジャンプが得意で、水深 4m の水族館のプールで 6m もジャンプできるそうです。同じ助走距離でも倍の高さが跳べるイルカのジャンプ力の秘密は V 字骨と呼ばれる尻尾の骨。この骨が尻尾の強力な筋肉を支える役目をしています。

ちょっと話したくなる雑学

『同姓同名』

My name is Beluga.

ロシア語で「白い」を意味するбелый（ベルーイ）に由来するベルーガ。
クジラが好きな人にベルーガと言えばもちろん「シロイルカ」を思いうかべると思いますが、魚類好きな人が思いうかべるのは「オオチョウザメ」かも。
共通点などはないのですが、シロイルカもオオチョウザメも英名は同じベルーガなんです。

『ドルフィンフィッシュ』

ジンベエザメは英語で Whale shark。
クジラのように大きなサメという意味ですが、Whale shark があるのなら
Dolphin shark とかもあるかも？
実は Dolphinfish というサカナがいるんです。ハワイでマヒマヒと呼ばれている高級魚の「シイラ」。
英名は Common dolphinfish。シンプルに Dolphinfish と呼ばれています。ジャンプをして泳いだりするところが名前の由来となります。

Common dolphin

Common dolphinfish

『めだかの兄弟』

1982 年にテレビ番組のエンディング曲として大流行した「めだかの兄妹」。めだかの兄妹は大きくなったらクジラになる夢を抱いていますが、めだかは大きくなってもめだかだよ、という歌詞。ですが、その夢が叶いました。なんと！メダカの品種にその名も「白鯨」という品種があるんです。メダカがクジラに、しかも白鯨になれるなんてすごいですね。スイスイ。

『坂本龍馬』

歴史上の人物でいちばん好きな坂本龍馬。京都や高知の龍馬ゆかりの地にはよく行きました。中でも桂浜の坂本龍馬像はいちばん好きな場所。銅像部分だけで 5m もあるので迫力も満点です。

5m と言えばザトウクジラの胸ビレ。体長の 1/3 ほどもある大きな胸ビレは 15m の個体だと約 5m。ついつい大きさをクジラでたとえてしまいます。

約5m

ちょっと話したくなる雑学

『チーズケーキ』

焦げたような見た目が特徴のバスクチーズケーキ。外側はカリッ、内側はトロッとしていて、個人的にも大好きなチーズケーキ。バスクチーズケーキはスペイン

のバスク地方発祥のチーズケーキですが、バスク地方といえば商業捕鯨発祥の地。実際に村のシンボルにもクジラが使われていて、町中にクジラがあふれています。身近なスイーツとクジラが少し関係があるとうれしく感じますよね。

『ため息』

獅子文六の小説「沙羅乙女」（昭和13年ごろの作品）の文中に出てくる表現で「ふウ　と、いい気持ちのため息を、鯨のように吹き上げて」というとても素敵な表現があります。菓子職人の登場人物が、主人公の女性にデコレーションケーキを作り完成したときのシーンなのですが、この作品にはもう一つ鯨が登場します。「時々、鯨のような長い呼吸を吐いて」という、こちらは少し強めの表現なのですが、クジラ

の呼吸という同じ仕草を、うれしいときは「吹き上げて（ブロー）」、決意表明のときは「吐いて」と使い分けているところがすごい！もしかすると、ザトウクジラなどのブローがハート型というのを知っていて、うれしいときにこの表現を使っていたとしたら、この先生はきっとクジラに造詣が深いのだろうと感じます。

『リーダー』

ビジネス用語で「イルカ型リーダー」という言葉があるのをご存知ですか。
イルカ型リーダーとは、仲間とコミュニケーションを取りながら、周りの状況を把握し、バランスよく集団をまとめていくタイプのリーダーのこと。イルカの群れがホイッスルなどで仲間とコミュニケーションをとるところからイメージされています。対して、先頭に立って突き進み、カリスマ的なリーダーシップで組織を統率するボスタイプのことを「サメ型リーダー」といいます。

イルカ型？
サメ型？

『金魚』

中国では、金魚とクジラが似ていて区別ができない！え？めちゃくちゃ大きい鯨金魚とか？
実は金魚とクジラの発音がとてもよく似ていて、中国語ができない僕には同じ「ジンユー」にしか聞こえません。
ちなみに「らんちゅう」という金魚、背ビレがなく顔にコブもあるのでセミクジラに似ていると思いませんか。

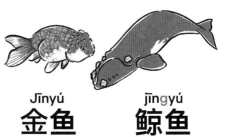

Jīnyú
金鱼

jīngyú
鲸鱼

ちょっと話したくなる雑学

『イルカの切手』

クジラ・イルカ好きなら一度は見たことがあるイルカに乗った少年の切手。シンプルだけどデザイン性に優れていて素敵な切手です。

この切手はナポリ近郊の湖畔に住む少年が、湖に住んでいたイルカと仲良くなり、少年を背中に乗せて学校へ送り迎えをするようになったというエピソードを元に1929年にオランダで作られました。

『イルカの銀貨』

クジラやイルカのコインは世界中にたくさんありますが、紀元前510年頃にイルカの背中に人が乗ったタラスの銀貨が使われ始めました。イルカに乗っているのは海神ポセイドンの息子のタラス。タラスが海で溺れたときにポセイドンが遣わしたイルカに救われ、たどり着いた海岸にタラスの町を作ったという伝説があります。タラスの銀貨はこの町で造られた

代表的なモチーフのコインで、この伝説から海好きの人のお守りとして人気が高いコインです。ちなみにイルカに助けられたエピソードで有名なギリシャのアリオン。アリオンはこのタラスから船に乗り、海賊たちに襲われ海に飛び込むのですが、なんとイルカに助けられます。もしかするとタラスの銀貨をお守りとして持っていたのかもしれませんね。

『ドルフィンコイン』

紀元前5世紀ごろに発行された、古代ギリシャのドルフィンコイン。

いわゆる丸いコインではなく、鋳造で作られたイルカの形をしたコインです。

ギリシャ神話にも出てくるイルカは聖なる生き物としていろいろなコインのデザインに使用されていますが、イルカの形をした珍しいコインです。

『大統領』

マッコウクジラの歯を磨きエッチングのような技法でさまざまな模様を施したスクリームショー。

アメリカ大統領の執務室の机に飾られたことにより脚光を浴びるようになりました。

その大統領とは、第35代大統領ジョン・F・ケネディ。ケネディ大統領はスクリームショーコレクターとしても有名だったそうです。

『ハリーポッター』

映画ハリーポッターと賢者の石で、ロンのクイーンが座っていた椅子でハリーの
駒を倒すチェスのシーンがあるのですが、あの魔法のチェスは実在するんです。
「ルイス島のチェス」と呼ばれる大英博物館の中世コレクション所蔵の、たぶん
世界でいちばん有名なチェスですね。このチェスとクジラの関係は？
このチェス、素材の大部分はセイウチの牙なんですが、マッコウクジラの歯も使
われているんです。チェスといえば白と黒の駒のイメージがありますが、映画の
シーンにもあったように当時は赤と白の駒だったようです。

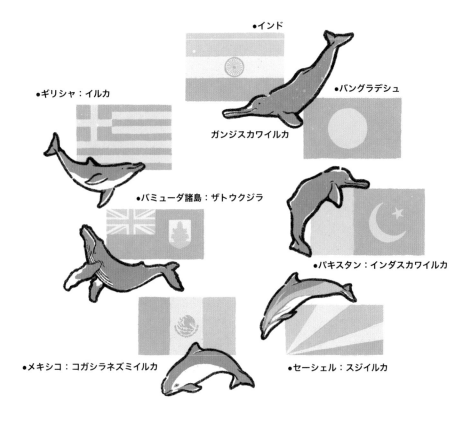

●インド

●バングラデシュ

ガンジスカワイルカ

●ギリシャ：イルカ

●バミューダ諸島：ザトウクジラ

●パキスタン：インダスカワイルカ

●メキシコ：コガシラネズミイルカ

●セーシェル：スジイルカ

『国獣』

国獣（こくじゅう）とは、その国を代表・象徴する動物のことで、日本だとキジですが、インドやメキシコなど世界の7カ国がイルカ・クジラを国獣に指定しています。

ちょっと骨のある
クジラ・イルカの雑学図鑑

おしまい。

「クジラを愛するすべての方へ」

クジラは私たちと同じく哺乳類です。
呼吸をしなければ生きていけません。
それなのに、進化の過程で、哺乳類がけっして住みやすいとは言えない
海での生活を選びました。
その生命力の強さに私は深く魅了されます。

この本に書かれた雑学の内容は、
日々研究者の方々によって新しい情報や解釈にアップデートされています。
数年後に見返すと、誤った表記があるかもしれませんが、
それだけ未解明の謎が多く、クジラが魅力的な
存在であることを示しています。

「これがクジラの生態です」という明確な答えがないからこそ、
私たちはますますクジラに惹かれるのかもしれません。

これからも、クジラと共に歩んでいきたいと願っていますので、
よろしクジラお願いします。

whale artist あらたひとむ

index

ちょっと骨のする クジラ・イルカの 雑学図鑑2

whale artist あらたひとむ

follow me

1973 年生れ 和歌山県橋本市在住

ジャンルにとらわれない幅広いスタイルで
世界中の人々にクジラを知ってもらえるよ
う活動するホエールアーティスト

国立科学博物館「大哺乳類展〜海の仲間たち〜」公式キャラクター（2010 年）
映画「だれもがクジラを愛してる」イメージイラスト（2012 年）
カシオ G-SHOCK イルクジモデル（2004 年〜）
小笠原村観光局公式キャラクター「おがじろう」デザイン（2013 年）等担当
クジラ・イルカの雑学図鑑 海文堂出版（2022 年）

○日本セトロジー研究会・会員
○勇魚会・会員

ISBN978-4-303-80072-7

ちょっと骨のある クジラ・イルカの雑学図鑑 2

2024 年 6 月 21 日 初版発行 © ARATA Hitomu 2024

著　者　あらたひとむ 検印省略
発行者　岡田雄希
発行所　海文堂出版株式会社
　　　　本社　東京都文京区水道 2-5-4　（〒112-0005）
　　　　　　　電話 03（3815）3291（代）　FAX 03（3815）3953
　　　　　　　https://www.kaibundo.jp/
　　　　支社　神戸市中央区元町通 3-5-10　（〒650-0022）
日本書籍出版協会会員・工学書協会会員・自然科学書協会会員

PRINTED IN JAPAN 印刷　ディグ／製本　誠製本